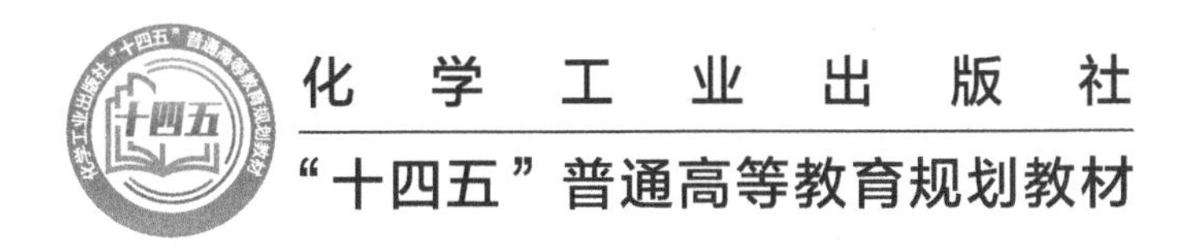

CAILIAO HUAXUE ZONGHE SHIYAN

材料化学综合实验

程岺家　李琳　主编

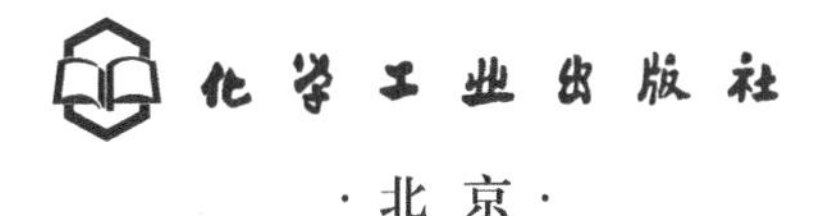

·北京·

内 容 简 介

《材料化学综合实验》主要分为三个部分，包括35个实验，第一部分为有机功能材料的制备与性能研究，第二部分为无机功能材料的制备与性能研究，第三部分为复合材料的制备与性能研究。全书包括金属材料、无机非金属材料、纳米材料、高分子材料、生物功能材料等材料化学实验的基本知识、相关原理、实验技术、研究方法和结果讨论，在实验的选取上，既强调基础性和通用性，又注重实验的综合性、设计性和研究性；既涉及经典的化学实验，又包括反映学科前沿的新技术、新方法与新成果的设计和研究性实验。本教材内容简明易懂，贴近材料化学综合实验的教学实际，对提高学生的理论水平、动手能力和创新能力具有重要的指导意义。

本教材可作为高等院校材料科学与工程、材料化学等相关专业师生的教学用书，也可作为从事材料生产和科学研究的技术人员及其他涉及材料科学实验领域研究人员的参考用书。

图书在版编目（CIP）数据

材料化学综合实验 / 程崟家，李琳主编. — 北京 ： 化学工业出版社，2025. 3. —（化学工业出版社“十四五”普通高等教育规划教材）. — ISBN 978-7-122-47129-1

Ⅰ. TB3-33

中国国家版本馆CIP数据核字第2025UW5223号

责任编辑：李　琰　　　　文字编辑：杨玉倩　葛文文

责任校对：王鹏飞　　　　装帧设计：韩　飞

出版发行：化学工业出版社（北京市东城区青年湖南街13号　邮政编码100011）

印　　装：北京科印技术咨询服务有限公司数码印刷分部

787mm×1092mm　1/16　印张11　字数258千字　2025年5月北京第1版第1次印刷

购书咨询：010-64518888　　　　售后服务：010-64518899

网　　址：http://www.cip.com.cn

凡购买本书，如有缺损质量问题，本社销售中心负责调换。

定　　价：39.80元

#《材料化学综合实验》

编写人员名单

主　　编 程崟家　李　琳

副 主 编 陈小随　梅　鹏

其他编写人员（按姓氏汉语拼音排序）

黄绍专　李香丹

李襄宏　刘浩文

刘书正　马艺函

秦四勇　吴水林

谢光勇　杨海健

章　庆　赵燕熹

郑国利

前　言

材料技术、信息技术和能源技术是现代文明的三大支柱。其中，材料是人类主要赖以生存和发展的物质基础，发展新材料是发展新技术的关键。材料化学作为一门新兴的交叉学科，属于现代材料化学、材料科学和化工领域的重要分支。现代高新科技的发展非常紧密地依赖于新材料的发展，并对材料提出了更高、更苛刻的要求。近年来，国家对加强创新创业教育提出了具体要求，明确专业教育需要与创新创业教育有机融合。材料化学综合实验课程作为材料化学专业的核心课程，有助于学生掌握材料化学基础知识与实验技能、科学研究基本方法，以及培养科研创新能力，发展思维能力，提高科学素养。因此，对该课程进行创新创业教育改革与建设十分必要。

本教材主要根据21世纪我国高等教育的培养目标要求，结合教学实际和近年承担的教学研究项目成果编写而成。编写原则包括宽口径，厚基础，适应性广，突出综合性，强化创新理念，体现学科发展的实验新方法和新技术。全书主要包括有机功能材料的制备与性能研究、无机功能材料的制备与性能研究及复合材料的制备与性能研究三个部分的综合实验。本教材在编写过程中，根据不同材料的特点和实验室现有的实验条件，把一些实验性质和实验内容相近的项目进行归类、整理，按照综合性、创新性和一体化的方式设计实验，按照材料合成原理、材料制备技术、结构与性能测试和实验结果讨论的思路设计与安排实验，形成了模块化综合性实验为主线的实验体系，旨在培养基础理论扎实、专业技能突出、综合素质高的创新型人才。

本书由中南民族大学材料化学专业的老师参与编写，程崟家老师和李琳老师任主编，陈小随老师和梅鹏老师担任副主编。由程崟家、李琳、陈小随和梅鹏审阅、增删和修改，最后由程崟家和李琳统稿与定稿。

由于编者水平有限，书中难免有疏漏之处，恳请读者批评指正。

编者

2024年7月

目 录

第一部分
有机功能材料的制备与性能研究

实验 1
环 2-苯基吡啶钌配合物的合成、表征及其对亚硝酸根的比色识别性能研究

一、实验目的

1. 了解一般环金属钌配合物的制备方法。

2. 掌握基本的无水无氧合成实验技能。

3. 学习并掌握使用核磁共振仪、傅里叶变换红外光谱仪、紫外-可见分光光度计等测试仪器对配合物进行结构表征。

4. 掌握利用紫外-可见吸收光谱测定物质间作用机制及相互结合比例的方法。

5. 掌握相关软件的使用和数据处理及分析。

二、实验原理

基于吸收光谱和发射光谱变化建立的小分子或离子识别方法因制样方便、操作简单、可实时跟踪而被广泛应用，其工作原理如图 1 所示。该方法的实现依赖于具有信号单元和识别单元的功能有机分子，其由以下三个部分组成：①识别单元（recognition unit），可选择性地与待分析物结合；②信号单元（signal unit），可通过光信号的改变反馈识别单元与分析物的反应；③连接体（linker），连接识别单元和信号单元并充当外来物种进入识别单元时引起相应变化的枢纽。

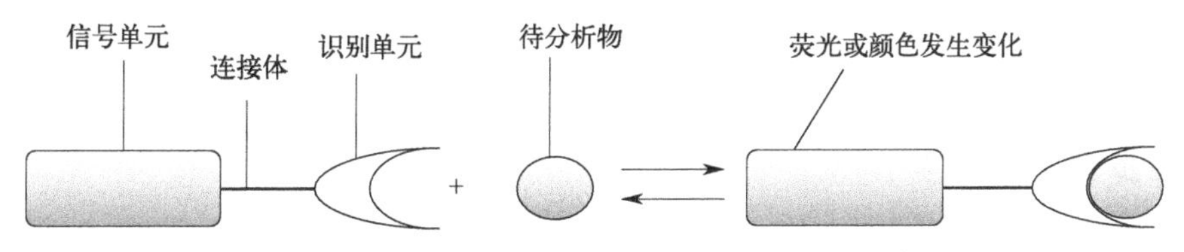

图 1　利用光信号识别分子或离子的工作原理示意图

亚硝酸盐常作为肥料和食品的防腐添加剂，有致癌作用，对健康有害，因此，对环境中亚硝酸盐的检测颇为重要。环金属钌（Ⅱ）多吡啶配合物是具有八面体构型的配合物，配位数为6，一般由2,2′-二联吡啶等联吡啶提供4个配位点，配位原子均为N；2-苯基吡啶等芳杂环衍生物提供2个配位点，配位原子分别为C和N。该类配合物因Ru—C键的存在，于可见光区表现出很好的吸收性质，可在分子、离子的识别中表现出理想的吸收光谱变化和溶液颜色变化，易于实现可视化，操作更加方便快捷。Chan等人关于NO^+可插入环金属钌配合物中的Ru—C键，形成C—(O═N)—Ru［亚硝基钌（Ⅱ）配合物］的报道引起了关注。此过程中Ru—C键断裂，必然会引起配合物金属-配体电荷转移（MLCT）激发态吸收的变化；酸性环境中NO可由亚硝酸盐原位释放，而NO和NO^+是相似分子，因此环金属钌配合物成为一个潜在的可识别亚硝酸盐的功能有机分子。

本实验首先采用无水无氧操作合成了环2-苯基吡啶钌配合物，以硅胶柱色谱法进行分离纯化，采用核磁共振（NMR）仪、基质辅助激光解吸飞行时间质谱（MALDI-TOF）仪及傅里叶变换红外光谱（FTIR）仪等仪器表征其结构。随后，利用紫外-可见（UV-Vis）分光光度计分析和讨论了该配合物与亚硝酸根作用的pH范围及二者在pH＝4.8的弱酸性环境中相互作用产生的光谱变化，以同浓度配合物与NO_2^-按不同体积混合后的吸光度A与$x_{NO_2^-}$作图，由A-$x_{NO_2^-}$曲线确定两者结合比例，再利用红外光谱分析两者作用后产物的特征吸收峰，从而确认可能的反应机理。此外，分析考察了常见阴离子对配合物识别亚硝酸根的选择性干扰。

三、实验原料与设备

1. 实验原料

二氯(*p*-甲基异丙苯)钌（Ⅱ）二聚体｛$[Ru(cycme)Cl_2]_2$｝(A. R.)，氢氧化钠（A. R.），无水甲醇（A. R.），氘代乙腈（A. R.），六氟磷酸钾（A. R.），2,2′-二联吡啶（A. R.），2-苯基吡啶（A. R.），亚硝酸钠（A. R.），氯化钠（A. R.），碳酸氢钠（A. R.），硝酸钠（A. R.），磷酸二氢钠（A. R.），高氯酸钠（A. R.），亚硫酸钠（A. R.），醋酸钠（A. R.），无水硫酸钠（A. R.），盐酸（A. R.），磷酸（A. R.），硼酸（A. R.），硅胶（200～300目），二氯甲烷（A. R.），无水乙腈（A. R.），醋酸（A. R.），去离子水等。

2. 实验设备

集热式磁力搅拌器（1台），分析天平（1台），循环水真空泵（1台），真空干燥箱（1台），紫外-可见分光光度计（1台），傅里叶变换红外光谱仪（1台），核磁共振仪（1台），基质辅助激光解吸飞行时间质谱仪（1台），pH计（1台），旋转蒸发仪（1台）。

四、实验步骤

1. 环2-苯基吡啶钌配合物的制备

氩气气氛下，依次往三口烧瓶中加入0.093 g 2-苯基吡啶（0.60 mmol）、0.22 g

KPF_6（1.2 mmol）、0.024 g NaOH（0.60 mmol）及 10 mL 无水乙腈。通氩气 10 min 后，加入 0.18 g $[Ru(cycme)Cl_2]_2$（0.30 mmol），于 55℃下搅拌 24 h。随后，旋蒸除去溶剂，加入 0.17 g（2,2′-二联吡啶 1.1 mmol）及 10 mL 无水甲醇，并在氩气保护下回流 2 h。最后，旋蒸除去溶剂，以 CH_2Cl_2 和无水乙腈为展开剂，利用硅胶柱色谱法得到黑色固体产物（环 2-苯基吡啶钌配合物）。该步骤中所有试剂均需置于真空干燥箱中 60℃下干燥 24 h 后才可使用。

2. 环 2-苯基吡啶钌配合物结构的表征

采用傅里叶变换红外光谱（FTIR）仪表征样品的结构，使用 KBr 压片法制样，扫描范围为 4000～500 cm^{-1}；核磁共振（NMR）仪扫描样品的 ^1H-NMR 谱图，以 CD_3CN 为溶剂，四甲基硅烷（TMS）为内标，室温下测定；基质辅助激光解吸飞行时间质谱（MALDI-TOF）仪表征样品分子量，以 α-氰基-4-羟基肉桂酸（CHCA）为基质；紫外-可见分光光度计测试样品的紫外-可见（UV-Vis）吸收光谱。

3. 配合物缓冲液及各阴离子盐溶液的配制

取 7.1 mg 配合物溶解在无水乙腈中，配制 2.0×10^{-4} mol/L 的配合物储备液，然后用伯瑞坦-罗比森（Briton-Robinson，B-R）缓冲溶液（pH＝4.5）（由磷酸、硼酸、醋酸和氢氧化钠溶液混合而成）将其稀释至 2.0×10^{-5} mol/L。所有配合物的缓冲液均保持 $V_{乙腈}:V_{B\text{-}R缓冲液}=1:50$。各阴离子（$Cl^-$、$NO_3^-$、$SO_4^{2-}$、$H_2PO_4^-$、$HCO_3^-$、$ClO_4^-$、$Ac^-$、$SO_3^{2-}$、$NO_2^-$）的水溶液均用其相应的钠盐配得，浓度均为 6.0×10^{-2} mol/L。

4. 亚硝酸钠与配合物作用的 pH 范围的确定

取上述浓度为 2×10^{-5} mol/L 的配合物缓冲液 3.0 mL，取 2 组，一组溶液作为空白，一组溶液中再各加入 100 μL 6.0×10^{-2} mol/L 的 $NaNO_2$ 溶液后混匀，两组溶液均放置 20 min 后，以无水乙腈与 B-R 缓冲液体积比为 1∶9 的混合溶剂作为参比，采用紫外-可见分光光度计扫描上述各溶液的 UV-Vis 吸收光谱，扫描范围为 200～800 nm。以 pH 值为横坐标，各溶液在 448 nm（A_{448}）处的吸光度为纵坐标，绘制 pH 与 A_{448} 的相关曲线，确定 $NaNO_2$ 与配合物作用的最佳 pH 范围。

5. 亚硝酸根的滴定

取上述浓度为 2.0×10^{-5}mol/L 的配合物缓冲液 3.0 mL，加 2 μL 6.0×10^{-2} mol/L 的 $NaNO_2$ 溶液，混匀后放置 5 min。利用紫外-可见分光光度计测其 UV-Vis 吸收光谱，扫描范围为 200～800 nm。继续向上述测试溶液中加入 $NaNO_2$ 溶液，每次都需混匀并静置 5min 后，扫描其紫外-可见吸收光谱。混合后的 $NaNO_2$ 浓度依次为 4×10^{-5} mol/L、8×10^{-5} mol/L、12×10^{-5} mol/L、16×10^{-5} mol/L、20×10^{-5} mol/L、24×10^{-5} mol/L、28×10^{-5} mol/L、32×10^{-5} mol/L、36×10^{-5} mol/L、40×10^{-5} mol/L、44×10^{-5} mol/L、48×10^{-5} mol/L、52×10^{-5} mol/L、56×10^{-5} mol/L、60×10^{-5} mol/L、64×10^{-5} mol/L、68×10^{-5} mol/L、80×10^{-5} mol/L、90×10^{-5} mol/L、100×10^{-5} mol/L、

200×10^{-5} mol/L。加入 $NaNO_2$ 溶液的量至吸收光谱不再变化为止。

6. 配合物与 NO_2^- 结合比例的测定

取 4.0 mL 2.0×10^{-4} mol/L 的配合物储备液于 10 mL 比色管中，加无水乙腈稀释至刻度线，得到浓度为 8.0×10^{-5} mol/L 的配合物溶液。再从 8.0×10^{-5} mol/L 的配合物溶液中移取 5.0 mL 于 50 mL 容量瓶中，加入 B-R 缓冲液（pH=4.5）稀释至 50 mL，得到浓度为 8.0×10^{-6} mol/L 的配合物溶液。移取 8.0 mL 1 mmol/L 的 $NaNO_2$ 溶液于 100 mL 容量瓶中，加入去离子水稀释至 100 mL，得到 8.0×10^{-5} mol/L 的 $NaNO_2$ 溶液。将上述浓度均为 8.0×10^{-6} mol/L 配合物溶液和 8.0×10^{-5} mol/L $NaNO_2$ 溶液以不同体积进行混合，总体积保持为 3.0 mL，总浓度仍为 8.0×10^{-6} mol/L。放置 12 h 后，测其 UV-Vis 吸收光谱曲线。以配合物在混合溶液中的比例（$x_{NO_2^-}$）为横坐标，混合溶液在 540 nm 或 448 nm 处的吸光度（A_{540} 或 A_{448}）为纵坐标，绘制 A-$x_{NO_2^-}$ 曲线，确定 NO_2^- 与配合物的结合比例。

$$x_{NO_2^-}=\frac{V_{配合物}}{V_{NO_2^-}+V_{配合物}}$$

7. 常见阴离子对亚硝酸根识别的干扰

取 0.30 mL 2.0×10^{-4} mol/L 的配合物储备液若干份，再分别加入 2.70 mL B-R 缓冲液（pH=4.5），配制浓度为 2.0×10^{-5} mol/L 的配合物溶液。向该溶液中分别加入 100 μL 含阴离子（Cl^-、NO_3^-、SO_4^{2-}、$H_2PO_4^-$、HCO_3^-、ClO_4^-、Ac^-、SO_3^{2-}）的水溶液，混匀放置 10 min 后，测试其 UV-Vis 谱图。向上述各溶液加入 50 μL 6.0×10^{-2} mol/L 的 $NaNO_2$ 溶液，混匀后放置 10 min，再次扫描其 UV-Vis 谱图。以配合物在混合溶液中的比例为横坐标，混合溶液在 540 nm 或 448 nm 处的吸光度（A_{540} 或 A_{448}）为纵坐标，绘制 A-$x_{NO_2^-}$ 曲线，以确定阴离子对亚硝酸根识别的干扰作用。

8. 配合物与亚硝酸根作用后产物的红外光谱

取 1 mg 环 2-苯基吡啶钌配合物溶解于 1 mL 无水乙腈中，加入 10 mg $NaNO_2$ 后，充分搅拌。然后，加入 5 mL 1 mol/L 盐酸溶液，搅拌 20 min。旋蒸除溶剂，加入 CH_2Cl_2 萃取，并用饱和 NaCl 水溶液洗涤有机相至 pH 呈中性。收集 CH_2Cl_2 相，利用无水硫酸钠干燥，过滤，旋蒸除去溶剂。待真空干燥后，取少许粉末产物分散在溴化钾（KBr）中，压片，采用傅里叶变换红外光谱仪测定红外光谱图。

五、实验结果与讨论

1. 产品外观：__________；产品质量：__________；产率：__________。

2. 记录配合物的 H^1-NMR、MALDI-TOF、FTIR 的表征结果以及 UV-Vis 吸收光谱曲线，分析产物结构。

3. 记录 pH=2.0～12.0 范围内，配合物与亚硝酸根混合后在 448 nm 处的吸光度值 A_{448}。

4. 记录加入不同浓度的亚硝酸根后，配合物溶液在 540 nm 和 448 nm 处的吸光度值 A_{540} 和 A_{448}。

5. 记录配合物与 NO_2^- 结合比例的测定实验的相关数据，如 $x_{NO_2^-}$ 和配合物溶液在 540 nm 和 448 nm 的吸光度（表 1）。

表 1 NO_2^- 与配合物结合比例的确定

项目	1	2	3	4	5	6	7	8	9	10	11	12	13
配合物用量/mL	0	0.3	0.6	0.9	1.1	1.3	1.5	1.7	1.9	2.1	2.4	2.7	3.0
$NaNO_2$ 用量/mL	3.0	2.7	2.4	2.1	1.9	1.7	1.5	1.3	1.1	0.9	0.6	0.3	0
$x_{NO_2^-}$													
A_{540}													
A_{448}													

6. 记录加入不同阴离子至配合物溶液后，配合物溶液在 540 nm 和 448 nm 的吸光度值 A_{540} 和 A_{448}。

7. 记录配合物和亚硝酸钠混合前后，在 FTIR 图谱中观察到的配合物特征吸收峰的变化。

六、思考题

1. 配合物的合成过程中，NaOH 起什么作用？
2. 采用硅胶柱色谱法提纯配合物过程中，需要注意什么？
3. 亚硝酸钠与配合物的相互作用为何只能在弱酸性介质中进行？

七、参考文献

[1] Martínez-Máñez R，Sancenón F. Fluorogenic and chromogenic chemosensors and reagents for anions. Chemical Reviews，2003，103（11）：4419-4476.

[2] McMahon N F，Brooker P G，Pavey T G，et al. Nitrate，nitrite and nitrosamines in the global food supply. Critical Reviews in Food Science and Nutrition，2024，64（9）：2673-2694.

[3] Djukic J P，Sortais J B，Barloy L，et al. Cycloruthenated compounds-synthesis and applications. European Journal of Inorganic Chemistry，2009，2009（7）：817-853.

[4] Li Z，Wang Y，Xu C，et al. A cycloruthenated 2-phenylimidazole：chromogenic sensor for nitrite in acidic buffer and fluoride in CH_3CN. New Journal of Chemistry，2023，47：4911-4919.

[5] Su X，Hu R，Li X，et al. Hydrophilic indolium-cycloruthenated complex system for visual detection of bisulphite with a large red shift in absorption. Inorganic Chemistry，2016，55：745-754.

[6] Chan S C，Pat P K，Lau T C，et al. Facile direct insertion of nitrosonium ion（NO^+）into a ruthenium-aryl bond. Organometallics，2011，30（6）：1311-1314.

[7] 党卫杰，姚凯月，黄桤焕，等. 基于环金属钌（Ⅱ）配合物的亚硝酸盐比色传感器. 化学传感器，2016，36（1）：56-60.

实验 2

二苯甲酮类衍生物光催化二氧化碳化学转化构筑 C—N 键的研究

一、实验目的

1. 理解二氧化碳的环境影响与化学转化潜力。
2. 掌握光催化的基本原理与实践应用。
3. 学习二氧化碳化学转化的绿色化学方法。
4. 熟悉光催化实验操作技巧与方法。
5. 掌握相关软件的使用和数据处理及分析等。

二、实验原理

二氧化碳（CO_2）是自然环境中普遍存在的一种气体，无色无味，在空气中体积占比约为 0.039%。其具有吸热和隔热的功能，当大气中二氧化碳的含量过高时，就会导致全球气温升高即温室效应，故二氧化碳属于温室气体。经过工业革命，人们广泛使用煤、石油和天然气等化石燃料，导致二氧化碳浓度逐年上升，全球大气中的 CO_2 平均浓度从 1750 年的 0.0277%增加到 2020 年的 0.0414%。此外，二氧化碳浓度增加也与森林的大幅度被砍伐有关，原本树木可以通过光合作用消耗大量二氧化碳，但现将树木作为燃料而进行大幅砍伐，导致额外产生大量二氧化碳的同时，原本应该被消耗的二氧化碳也残留下来产生温室效应。温室效应对环境的危害非常大，从源头上利用二氧化碳就可以降低温室效应的危害，随着化学的发展，近年来用化学方法固定 CO_2 备受关注。

二氧化碳作为一种无毒、经济、普遍存在的 C_1 资源，尽管其活泼性不强，但是仍然可以合成很多化学品，如通过构建 C—C、C—O 或 C—N 键来生产环状碳酸盐、羧酸、噁唑烷酮等，这不仅减少了二氧化碳的含量，而且获得了具有经济价值的化学用品，无疑是符合可持续发展的。此外，人们也努力将二氧化碳还原为 CO、HCHO、HCOOH、CH_3OH 和 CH_4。以二氧化碳为 C_1 源，通过与环氧烷反应生成环状碳酸酯可以完全利用二氧化碳，符合绿色化学理念，并且非常经济。如果用氮取代环氧烷中的氧，就会得到氮杂环，二者的结构相似。所以，氮杂环的反应研究也在最近几十年受到研究人员的关注，其中以氮杂环与二氧化碳反应生成噁唑烷酮最具代表性。近年来，随着二氧化碳还原功能化的快速发展，也增加了许多二氧化碳化学转化的新方法。所以二氧化碳的化学利用具有相当高的价值，通过实现用二氧化碳合成许多化学试剂，不仅可以减少人类产生的二氧化碳对环境的影响，如减缓温室效应，而且还实现了经济的转化，对经济发展起大作用。但是，化学方法所转化的二氧化碳量还远远达不到人类活动所产生的二氧化碳量，这显然是目前化学法转化二氧化碳的局限性。由于二氧化碳具有较高的稳定性，所以阻碍了二氧化碳的化学转化，就目前来说，采用多种催化剂来降低化学转化的活化能是解决此问题的有效方法，这是当前研究的热点。

噁唑烷酮类化合物是一类具有良好生物活性和抗菌性能的五元环氨基甲酸酯类化合物。噁唑烷酮类化合物可作为抗菌药物的核心单位，如托洛沙酮、利奈唑胺和特地唑胺，在医药方面具有较大前景。用二氧化碳和氮杂环类化合物反应构建 C—N 键可以得到噁唑烷酮，如图 1 所示，这种方法是合成噁唑烷酮非常有效的方法。

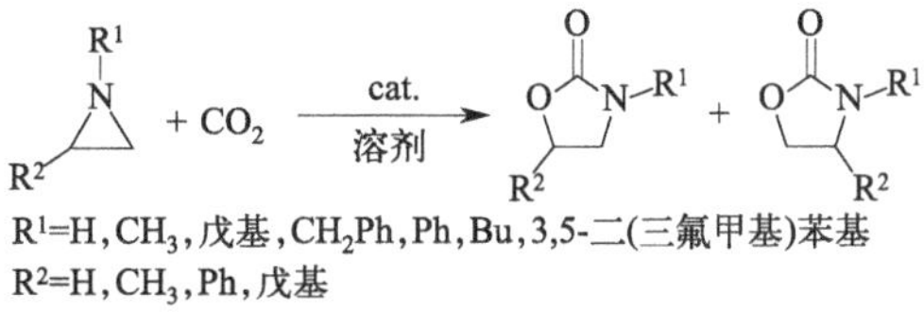

R^1=H, CH_3, 戊基, CH_2Ph, Ph, Bu, 3,5-二(三氟甲基)苯基

R^2=H, CH_3, Ph, 戊基

图 1 噁唑烷酮的制备

早在 1976 年，Soga 等人就报道了利用碘（I_2）为催化剂，用氮杂环丙烷和二氧化碳反应生产噁唑烷酮。2005 年 Gu 等人以 Cu 为催化剂，以丙炔醇、胺和二氧化碳为原料，以离子溶液（ILs）为介质，在温和的条件下合成了 5-亚甲基-1,3-噁唑烷-2-酮，同年 Zhang 以室温离子液体（RTILs）同时作为溶剂和催化剂在相对温和的条件下合成了噁唑烷酮。2008 年，Jiang 等人以 CuI 为催化剂，将超临界二氧化碳成功制成了各种噁唑烷酮类化合物，三年后，Xu 等人以 CuCl 为催化剂在无溶剂的条件下，也完成了这一制备过程。此外，Jiang 于 2009 年发现银盐是三组分反应的理想催化剂。Ca 于 2011 年利用有机碱双环胍作催化剂，在相对温和的条件下对 CO_2 与炔丙基醇和伯胺的环加成反应非常有效。2014 年 Song 等人使用双官能 Ag_2WO_4/Ph_3P 体系以中等到优良的产率得到了相应的噁唑烷酮，反应条件：CO_2 的压力为 0.5 MPa，反应温度为 50℃，且不使用任何溶剂。2016 年 Hui 等人在没有任何溶剂的情况下，利用 2,2′:6′,2″-三吡啶成功合成了噁唑烷酮，但是，反应需要一定的温度和 CO_2 的压力，且该催化体系不适用于苯胺和苯丙炔。2018 年 Zhang 合成了具有缺陷的原始立方（pcu）拓扑的非互穿有机磺酸盐基金属有机骨架（MOF）作为催化剂，在 CO_2 常压下成功使丙炔醇环羧基化生成噁唑烷酮，且产物收率可达 100%。

Wang 等人于 2017 年报道了一种高效且无金属的光化学方法用于烯丙基胺与 CO_2 的羧化环化反应，通过使用全氟烷基碘作为自由基源，高效制备全氟烷基化噁唑烷酮。2018 年 Sun 等人报道了烯丙基胺与烷基溴和 CO_2 在可见光照下利用 $Pd(PPh_3)_4$ 光催化剂催化反应生成 2-噁唑烷酮，该反应具有反应条件温和、产率高、可拓展性好等优点，在有机合成和药物化学领域具有广阔的应用前景。He 等人于 2019 年开发了可见光促进炔丙基胺与 CO_2 在无金属条件下的羧化环化反应，生成了碘亚甲基-2-噁唑烷酮，反应利用 I_2 本身的光吸收性，不需要额外增加光催化剂。

目前我国对于二氧化碳的研究还处于初级阶段。合理利用二氧化碳具有十分重要的意义，二氧化碳作为一种丰富的可转化为高附加值化工产品的 C_1 资源，广泛应用于工业、医药、食品等领域。二氧化碳化学转化为噁唑烷酮有两个意义，一个是提供合成噁唑烷酮的有效途径，另一个是减少二氧化碳排放，缓解全球气候变暖。催化剂是二氧化碳化学转化中的最重要因素，而对催化剂的研究是实现二氧化碳化学转化和利用的关键。光催化剂指的是能够在光子的作用下激发并能够对反应起催化作用的化学物质，其催化具有反应条件温和的优点，相比于传统催化剂，光催化剂更加环保，同时是高效的催化剂，因此研究光催化二氧化碳具有重要的意义。

基于此，本实验设计合成二苯甲酮类衍生物光催化剂以及各种氮杂环丙烷底物，通过调节光强、反应时间、催化剂用量等实验参数得到最佳反应条件和最佳产率，然后通过改变不同的底物来探究催化剂对底物的拓展性。

三、实验原料与设备

1. 实验原料

4-羟基二苯甲酮（98%），1-溴-3-氯丙烷（99%），1,3-二溴丙烷（99%），*N*,*N*-二甲基十八烷胺（99%），碳酸钾（97%），二氧化碳（99.99%），氘代氯仿（99.8%），丙酮（99%），三氯甲烷（99%），乙腈（99%），溴单质（A.R.），二氯甲烷（A.R.），乙醚（A.R.），苯乙烯（A.R.），甲胺（A.R.），二甲基硫醚（99%），正丙胺（99%），1-正丁胺（99%），叔丁胺（99%），苄胺（99%），4-甲基苯乙烯（99%），4-氯苯乙烯（99%），*N*,*N*-二乙基乙二胺（99%），2-羟基乙胺（99%），异戊胺（99%），氢氧化钠（A.R.），无水硫酸镁（A.R.）等。

2. 实验设备

集热式磁力搅拌器（1台），电热恒温鼓风干燥箱（1台），真空干燥箱（1台），电子天平（1台），X-4型双目显微熔点仪（1台），核磁共振仪（1台），傅里叶变换红外光谱仪（1台），CHNS/O元素分析仪（1台）等。

四、实验步骤

1. 有机光催化剂的合成

有机光催化剂二苯甲酮类衍生物的合成步骤如图2所示。首先，用天平称量4.95 g（25 mmol）4-羟基二苯甲酮溶解在40 mL的丙酮中，向其中添加10.51 g（76 mmol）碳酸钾（K_2CO_3）作为干燥剂，然后加入14.2 g（90 mmol）的1-溴-3-氯丙烷。将混合的反应物在45℃恒温水浴中加热回流24 h，冷却后用漏斗过滤，得到的滤液在旋转蒸发仪中蒸发得到残留物，用超纯水稀释，再加入三氯甲烷（氯仿），用分液漏斗萃取，取下层有机层。加入NaOH溶液洗涤有机层，干燥并蒸发，得到4-*O*-(3-氯丙基)二苯甲酮（m.p. 72～73℃），计算产率。将4-*O*-(3-氯丙基)二苯甲酮和稍过量的*N*,*N*-二甲基十八烷胺加入乙腈溶液中加热至100℃，反应12 h，使底物季铵化，得到灰白色粉末。将这些粉末在乙醇试剂中进行重结晶，进一步纯化得到所需要的有机光催化剂。

2. 氮杂环丙烷底物的合成

本实验设计合成了一系列氮杂环丙烷底物，合成步骤如图3所示。将24.85 g二甲基硫醚（0.4 mol）与80 mL二氯甲烷试剂加入单口圆底烧瓶中并置于冰水浴中，在磁子的搅拌下缓慢地滴入63.92 g溴单质（0.4 mol）和80 mL二氯甲烷的混合溶液于单口烧瓶

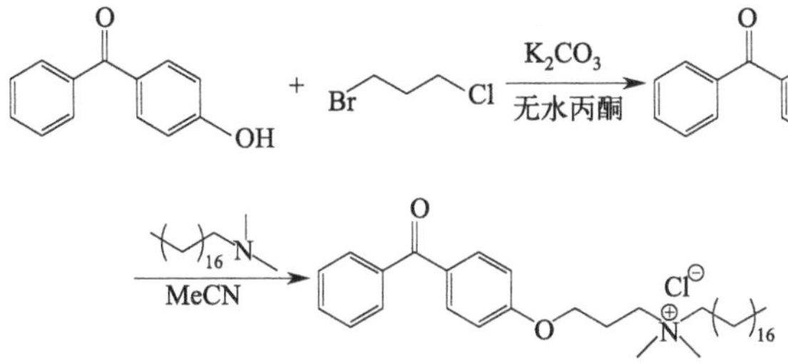

图 2 有机光催化剂的合成反应示意图

中，即产生大量黄色沉淀。滴加完成后，用漏斗过滤，并用大量的乙醚洗涤滤饼。将滤饼在常温下真空干燥，得到 MS1 固体。将 100 mL 乙腈与制备好的 MS1 固体（0.3 mol）混合，经磁子搅拌充分后，使 MS1 固体充分溶解，然后将装置放入冰水浴中。称取 31.25 g 苯乙烯（0.3 mol），缓慢滴加在装置中，滴加完成后继续反应 20 min，待产生了大量白色沉淀后，用漏斗过滤得到白色滤饼。用大量乙醚洗涤白色滤饼，再在真空的条件下对白色滤饼进行干燥，得到 MS2 固体。若氮杂环丙烷的苯环上有取代基，则将苯乙烯换成相应带取代基的苯乙烯即可。在圆底烧瓶中，将 20 mmol MS2 固体溶解在 80 mL 超纯水中，在室温下，向烧瓶中滴加 80 mmol 相应的胺溶液，加入乙醚，用分液漏斗萃取 3 次，取上层有机相，加入无水硫酸镁进行干燥，接着用漏斗过滤。将得到的滤液用旋转蒸发仪减压蒸发，得到的液体进行真空干燥，最后得到含有不同取代基的氮杂环丙烷。

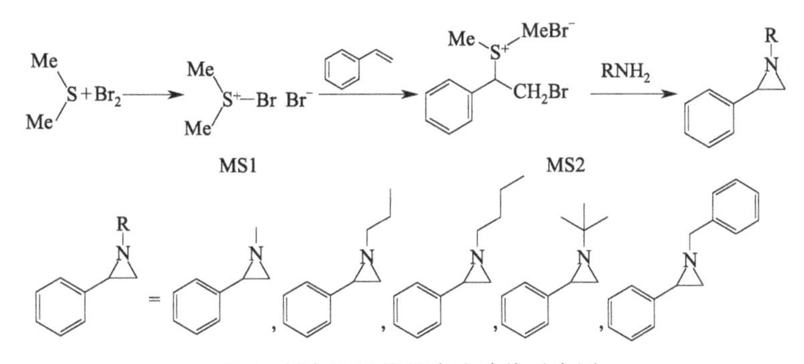

图 3 氮杂环丙烷的合成路线示意图

3. 底物与二氧化碳在光催化剂下的反应

首先称取定量的催化剂放入提前干燥好的 75 mL Schlenk 瓶中，然后将磁子洗净干燥后放入其中并密封，再通过双排管通入氮气来置换瓶内的空气 3 次，最后让整个体系处于真空状态。将充满二氧化碳的气球与 Schlenk 瓶连接，使整个装置处于二氧化碳环境中。CO_2 与底物充分接触，使反应更加充分。用一次性针筒吸取定量的底物，通过长针管注入 Schlenk 瓶中，用真空封口膜封住针孔，保证瓶中 CO_2 的纯度。将瓶放入 25℃的油浴锅中，开启搅拌，待搅拌充分后（约 20 min），将 LED 灯放置在附近并在装置外套上锡箔纸以创造暗环境，放置一小电扇及时将 LED 灯所产生的热量排走，以免影响反应温度。若反应过程中气球体积变小，则说明 CO_2 的含量过少，应在保持反应体系的前提下，补充 CO_2。反应一定时间后，用一次性针筒吸取少量混合溶液，利用^{1}H-NMR 来测定产物的选择性和产率。所得产物主要为5-取代产物，故后续主要研究5-取代产物。

（1）光的强度对光催化二氧化碳生产噁唑烷酮的影响

通过改变LED灯的功率（20 W、35 W、50 W、80 W、100 W）来控制光强的改变，在摩尔分数为1%的催化剂用量与反应时间为24 h的条件下进行反应并计算产率，得出最高产率下对应的LED功率。

（2）催化剂的用量对光催化二氧化碳生产噁唑烷酮的影响

在固定LED灯的功率（上一步实验得出的最高产率所对应的功率）以及反应时间为24 h的条件下，仅更换催化剂用量（摩尔分数分别为0.5%、1%、2%、3%）来测定产率，得出最高产率下对应的催化剂用量。

（3）反应时间对光催化二氧化碳生产噁唑烷酮的影响

在控制LED灯的功率和催化剂用量（上一步实验得出的最高产率所对应的催化剂用量）的情况下，通过延长反应时间（24 h、30 h、36 h、48 h）来测定产率。

（4）光催化剂的底物拓展性的研究

在控制催化剂用量、LED灯功率和反应时间（上一步实验得出的最高产量所对应的反应时间）的情况下，通过更换不同的底物来测定产率，从而得到不同底物与催化剂的拓展性。

五、实验结果与讨论

1. 记录并分析有机光催化剂二苯甲酮类衍生物的核磁共振氢谱和核磁共振碳谱数据。
2. 记录固定催化剂用量和反应时间的条件下，使用不同功率LED灯的催化产率。
3. 记录固定LED灯功率和反应时间的条件下，使用不同催化剂用量的催化产率。
4. 记录固定LED灯功率和催化剂用量的条件下，反应进行不同时间的催化产率。
5. 记录固定催化剂用量、LED灯功率和反应时间的条件下，使用不同底物的催化产率。

六、思考题

1. 为什么将二氧化碳转化为有价值的化合物，如噁唑烷酮，对环境有重要意义？目前，在实现二氧化碳的有效转化过程中面临哪些挑战？
2. 基于实验中使用的二苯甲酮类衍生物光催化剂，探讨什么因素会影响光催化剂的催化效率和产物选择性。你认为应如何设计或改进光催化剂，才能够提高催化效率和扩展其在二氧化碳化学转化中的应用？
3. 请探讨实验中光的强度、反应时间和催化剂用量是如何影响反应产率和选择性的。如果要进一步提高产率和选择性，你会如何调整这些反应条件？

七、参考文献

[1] Senftle T，Carter E. The holy grail：Chemistry enabling an economically viable CO_2 capture，utilization，and storage strategy. Accounts of Chemical Research，2017，50（3）：472-475.

[2] Park J，Yang J，Kim D，et al. Review of recent technologies for transforming carbon dioxide to carbon materials. Chemical Engineering Journal，2022，427：130980.

[3] Zhang G，Yang H，Fei H. Unusual missing linkers in an organosulfonate-based primitive-cubic（pcu）-typemetal-

organic framework for CO_2 capture and conversion under ambient conditions. ACS Catalysis，2018，8（3）：2519-2525.

[4] Wang B L，Guo Z Q，Wei X H. Recent advances on oxazolidinones synthesize from carbon dioxide. Journal of Fuel Chemistry and Technology，2023，51（1）：85-99.

[5] Zhao Z，Song L，Liu F，et al. Synthesis and application of asymmetry diphenylketone photo initiators. Chemistry Select，2021，6（17）：4292-4297.

实验 3

对磺酸基杯芳烃超分子纳米孔材料的制备及染料吸附性能的研究

一、实验目的

1. 掌握对磺酸基杯芳烃的合成原理。

2. 掌握对磺酸基杯芳烃超分子纳米孔材料的性质及制备方法。

3. 学习并掌握使用 X 射线衍射仪、傅里叶变换红外光谱仪、热重分析仪等测试仪器对材料进行表征。

4. 掌握相关软件的使用和数据处理及分析等。

二、实验原理

高结晶度的多孔骨架材料因其新颖的结构以及在传感器、催化、药物输送、气体吸附和分离等领域的潜在应用而备受关注。大多新型多孔材料，比如共价有机骨架（COFs）、金属有机骨架（MOFs）以及超分子有机骨架（SOFs）材料等，都具有比表面积大、稳定性好和结构可控等特点。COFs 是通过共价键连接的高度有序的材料；MOFs 是通过有机配体与金属离子或团簇之间的配位作用自组装形成的具有分子内孔隙的有机-无机杂化材料。这两种材料分子间作用力强，化学结构稳定，一般情况下键与键之间的连接不会轻易断开。与 COFs 和 MOFs 相比，SOFs 则是一种主要依靠分子间弱相互作用而发生自组装的多孔框架材料，分子间作用力容易受外界环境的影响断开，然后重新组装，因此，SOFs 的结构更为灵活。SOFs 独特的性质使得它在某些方面具有潜在的应用，比如吸附过程中的动态客体响应 SOFs 有望成为新型多孔分子传感材料。

杯芳烃是一类由苯酚单元在邻位通过亚甲基连接起来的大环化合物，是继环糊精、冠醚之后的第三代新型主体化合物。由于分子形状与希腊圣杯相似，又为多个苯环构成的芳香族化合物，故将其命名为杯芳烃。近年来，杯芳烃作为构筑块在配位化学和超分子化学方面已经得到了广泛关注。通过对杯芳烃上缘和下缘的修饰，可以得到各式各样的超分子构筑块。其中，磺酸基杯芳烃上缘的磺酸根可以和金属离子配位，下缘的酚羟基在一定条件下可以脱去一个质子，与金属离子进行配位。同时，杯芳烃的空腔能够选择性识别客体分子，进而极大丰富了杯芳烃的配位化学和超分子化学。

本实验采用对磺酸基杯芳烃、金属离子和中性配体，构筑了一类超分子有机骨架材料（SOF-1），合成步骤见图 1。利用紫外-可见（UV-Vis）分光光度计检测 SOF-1 对阳离子染料（亚甲基蓝，MB）和有机荧光染料［4-(4-二甲基氨基苯乙烯基)-1-甲基吡啶盐，DSM］的吸附性能，以及测量不同初始浓度和不同吸附时间下，SOF-1 对 DSM 吸附效果。

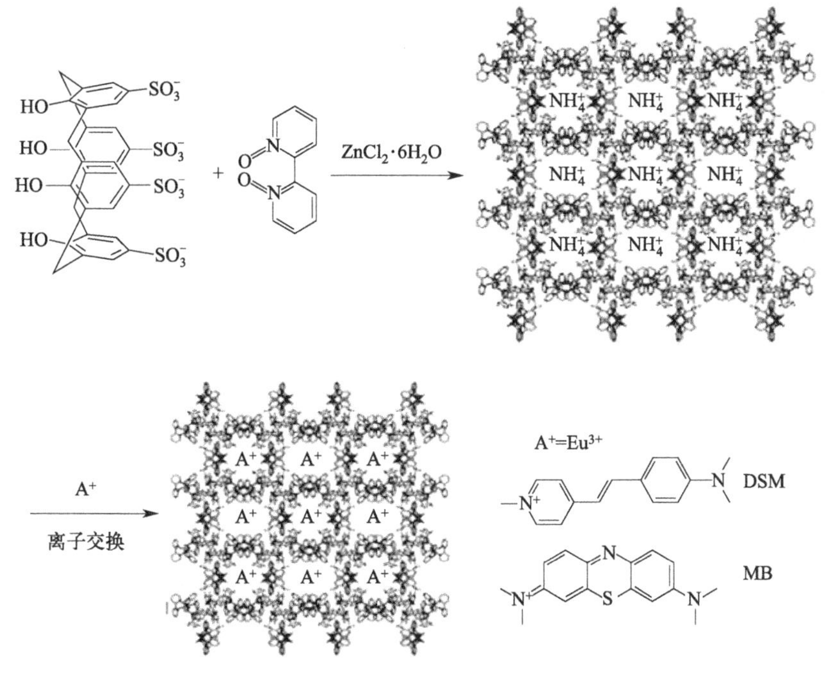

图 1 SOF-1 的合成步骤

三、实验原料与设备

1. 实验原料

六水合氯化锌（A. R.），浓硫酸（A. R.），乙酸乙酯（A. R.），4,4′-联吡啶-*N*,*N*′-二氧化物（A. R.），碳酸钠（A. R.），二苯醚（A. R.），氨水（A. R.），亚甲基蓝（A. R.），无水甲醇（A. R.），冰醋酸（A. R.），乙醇（A. R.），对叔丁基苯酚（A. R.），4-(4-二甲基氨基苯乙烯基)-1-甲基吡啶盐（A. R.），甲醛（A. R.）等。

2. 实验设备

集热式磁力搅拌器（1 台），机械搅拌器（1 台），高倍体视显微镜（1 台），电子天平（1 台），恒压滴液漏斗（1 个），分析天平（1 台），X 射线单晶衍射仪（1 台），核磁共振仪（1 台），荧光分光光度计（1 台），真空干燥箱（1 台），紫外-可见分光光度计（1 台），X 射线粉末衍射仪（1 台），傅里叶变换红外光谱仪（1 台），抽滤装置（1 套）等。

四、实验步骤

1. 对叔丁基杯芳烃的制备

在装有搅拌器和温度计的 1000 mL 三口烧瓶中依次加入 50 g 对叔丁基苯酚、35 mL 甲醛水溶液（37%）和 0.6 g 氢氧化钠。加热至 90℃反应 1 h，再升温至 120℃进行反应，直至聚合完全。冷却至室温后，将固体碾碎，加入 450 mL 二苯醚，重新升温至 120℃反应 1 h。加热至 260℃回流反应 2 h，冷却至室温。随后，加入 800 mL 乙酸乙酯，搅拌 30

min 后静置。离心收集固体，并依次用 50 mL 乙酸乙酯、100 mL 乙酸和 200 mL 去离子水洗涤固体。最后，通过重结晶法从甲苯中获得纯度更高的白色片状晶体。

2. 对磺酸基杯芳烃的制备

在 100 mL 三口烧瓶中加入 10 g 对叔丁基杯芳烃和 50 mL 浓硫酸，升温至 80℃进行反应。待反应液变为深棕色（大约需要 3 h），冷却至室温。利用布氏漏斗抽滤，并用冰醋酸洗涤固体数次。然后，将剩余固体溶于无水甲醇，并加入大量乙酸乙酯析出沉淀，抽滤，真空干燥得到褐色粉末。

3. 对磺酸基杯芳烃铵盐的制备

在 1 g 对磺酸基杯芳烃中加入 2 mL 去离子水溶解，并加入氨水中和至碱性，将滤液静置于阴凉处，自然挥发至长出层状的无色晶体。

4. SOF-1 的制备

将对磺酸基杯芳烃铵盐（0.4968 g，0.6 mmol）、4,4′-联吡啶-*N*,*N*′-二氧化物（0.5076 g）加入装有 20 mL 去离子水的圆底烧瓶中，边搅拌边加热到 60℃，直到烧瓶内的物质完全溶解。将 $ZnCl_2 \cdot 6H_2O$（0.2199 g，0.9 mmol）溶解于 10 mL 去离子水，然后倒入圆底烧瓶，在 60℃条件下继续搅拌 30 min。最后趁热过滤，将滤液静置在阴凉处，待自然挥发完全后长出适合测试的块状无色晶体。

5. DSM@SOF-1 的制备

将新制备的 SOF-1（20 mg）浸泡在含 DSM（0.5 mmol/L）的甲醇溶液（5 mL）中，在室温下反应 24 h 后，过滤反应液并收集固体。然后，用甲醇洗涤固体 3 次，以除去附着在固体表面的 DSM。最后，真空干燥得到红色块状晶体。

6. MB@ SOF-1 的制备

将新制备的 SOF-1（20 mg）浸泡在含有 MB（10 mmol/L）的甲醇溶液（5 mL）中，在室温下反应 24 h。反应完成后，过滤反应液并收集固体。然后，用甲醇洗涤固体 3 次，以除去附着在固体表面的 MB。最后，真空干燥得到蓝色块状晶体。

7. 荧光染料吸附实验

（1）不同浓度 DSM 的影响

将新制备的 SOF-1（20 mg）分别浸泡在不同 DSM 浓度（0、5×10^{-5} mol/L、1×10^{-4} mol/L、5×10^{-4} mol/L、1×10^{-3} mol/L、2×10^{-3} mol/L、5×10^{-3} mol/L、1×10^{-2} mol/L）的甲醇溶液中，在室温下反应 24 h。然后离心，吸取上清液，用 UV-Vis 分光光度计测定溶液中的 DSM 浓度，并用荧光分光光度计测量荧光强度。

（2）不同吸附时间的影响

将新制备的 SOF-1（20 mg）浸泡在含有 DSM（5×10^{-4} mol/L）的甲醇溶液中，在室温下反应不同时间（5 min、10 min、20 min、30 min、1 h、2 h、3 h、6 h、12 h、24 h)。然后离心，吸取上清液，利用 UV-Vis 分光光度计测定溶液中 DSM 的吸光度，并用荧光分光光度计测量荧光强度。

8. DSM@SOF-1 材料表征

采用高倍体视显微镜对 DSM@SOF-1 晶体的颜色和形貌进行观察和表征；利用 X 射线单晶衍射仪测定 SOF-1 晶体的结构；采用 X 射线粉末衍射仪考察 SOF-1 产物的晶型，采用铜靶进行测试，X 射线波长为 1.54 Å（1 Å=10^{-10} m），扫描速度为 5°/min，射线衍射角 2θ 范围在 5°到 80°；采用热重分析仪测定 SOF-1 的热稳定性；采用 KBr 压片法，将合成的材料样品与 KBr 固体混合均匀后研磨压成透明薄片，通过 Perkin-Elmer 型傅里叶变换红外光谱仪对样品进行红外光谱（FTIR）扫描，扫描范围为 4000～500 cm^{-1}。采用荧光分光光度计检测 DSM@SOF-1 在 529 nm 激发波长、614 nm 发射波长下的荧光强度。

9. SOF-1 单晶结构的解析

SOF-1 晶体置于 BrukerApex CCD 单晶衍射仪上，用石墨单色器单色化的 Mo Kα 射线（λ=0.71073 Å）以扫描方式收集数据，化合物的晶体结构通过程序（SHELXL-97）以直接法解出，并运用全矩阵最小二乘法用 SHELXL-97 晶体软件包进行精修。碳原子应理论加氢，水分子可以不加氢。

五、实验结果与讨论

1. 产品外观：__________；产品质量：__________。
2. 记录高倍体视显微镜观察到的 DSM@SOF-1 晶体的形貌特征、颜色和尺寸。
3. 记录荧光染料吸附实验中，SOF-1 晶体在不同浓度 DSM 溶液中的颜色变化。
4. 记录荧光染料吸附实验中，在不同吸附时间下，SOF-1 晶体在 DSM 溶液中的颜色变化。
5. 运用全矩阵最小二乘法，利用 SHELXL-97 晶体软件包对 SOF-1 晶体结构进行解析，并画出结构图。
6. 记录 FTIR 光谱观察到的 SOF-1 和 DSM@SOF-1 材料的分子结构特征。

六、思考题

1. SOF-1 晶体的生长主要受哪些因素影响？
2. 在合成 DSM@SOF-1 时，为什么要用甲醇溶液？
3. 在实验过程中使用硫酸和过氧化氢需要注意哪些问题？
4. SOF-1 可以吸附哪些类型的染料分子？

七、参考文献

[1] Jiang D Y，Fang H F，Li G，et al. A responsive supramolecular-organic framework：Functionalization with organic laser dye and lanthanide ions for sensing of nitrobenzene. Journal of Solid State Chemistry，2020，284：121171.

[2] Zheng G L，Zhou S F，Zhou X，et al. Synthesis of graphene anchored with atomically isolated cobalt from a promising graphite-like supramolecule. Chemical Communications，2023，53（56）：8735-8738.

[3] Zheng G L，Li Y Y，Guo H D，et al. Constructing channel structures based on the assembly of *p*-sulfonatocalix［4］arene nanocapsules and $[M(bpdo)_3]^{2+}$（M=Cu，Zn）. Chemical Communications，2008（40）：4918-4920.

实验 4

一种两亲性寡肽纳米纤维的制备及其液晶性能的研究

一、实验目的

1. 掌握多肽固相合成技术的原理和实验技能。

2. 学习并掌握使用基质辅助激光解吸飞行时间质谱（MALDI-TOF MS）仪、傅里叶变换红外光谱（FTIR）仪、扫描电子显微镜（SEM）等测试仪器对寡肽进行结构表征。

3. 掌握使用偏光显微镜和核磁共振技术验证自组装材料的液晶行为以及良好的取向性。

4. 掌握相关软件的使用和数据处理及分析等。

二、实验原理

肽是在自然界内广泛存在的一类化合物，其组成单元是氨基酸。多肽由氨基酸按照一定的连接顺序通过肽键结合而成。构成多肽单元的氨基酸主要包括天然氨基酸和人工合成的氨基酸，由于肽序列长短可调，因此其组成千变万化。根据肽序列上氨基酸数目的多少可以将肽分为多肽与寡肽（小分子肽）。其中，寡肽是一类分子量不大的分子，一般由十个以下氨基酸组成。与一般多肽相比，寡肽组成和合成工艺相对更简单，其组成更易控制，且纯度较高。由于其简单多变的序列组成，寡肽组装体显现出不同于一般多肽的自组装行为，比如形成小分子液晶以及构成不同类型的二级结构等。因此对于小分子肽合成和自组装行为的研究对开发具有特殊功能的新型纳米材料具有重要的意义。

肽自组装是肽分子之间或肽分子某一片段之间基于化学互补和结构相容性的分子识别，通过多种弱的非共价键作用形成具有规整排列的分子聚集体的行为。肽通过自组装形成组装体是一个相当复杂的过程，不仅取决于溶液极性、pH、肽浓度、温度和磁场等影响因素，还与氨基酸序列密切相关。肽的侧链可以是正电、负电和电中性基团，促使小分子肽在溶液中的组装呈现多样性和可调控性。肽链之间的驱动力主要包括氢键作用、离子键作用（静电作用）、范德华力、疏水作用、π-π 堆积作用、阳离子吸附作用等。其中，两亲性肽是一类由亲水的肽链和疏水的脂肪链（或芳香族）结合而成的小分子肽。与传统的两亲性生物材料相比，两亲性小分子肽由于其特殊的化学组成，具有生物安全性好、无免疫原性、可生物降解吸收以及生物活性高等特点，在生物医用等领域具有广阔的应用前景。

在生物学中，生物聚合物（如 DNA、肌动蛋白和微管）液晶相在维持重要的生物过程，如细胞分裂、蛋白质转运和 DNA 包装等方面，发挥着举足轻重的作用。受此启发，化学家和材料科学家对合成生物聚合物液晶进行了研究。比如，具有螺旋构象或两亲性的肽可在溶液中组装成一维（1D）纳米结构，进而形成各种晶体相。近年来报道了一系列淀粉样肽衍生物的液晶行为，并证明聚(乙二醇)-肽缀合物可在水中形成向列相和柱状相液晶。Xu 等人利用剪切应力缩短 β-乳球蛋白原纤维的长度，发现了淀粉样蛋白中的胆甾相液晶。Ma 等从一系列精心设计的 β-多肽中证明了液晶的形成，并且可以通过改变肽序列和修饰来调整液晶相。这些肽液晶因其生物相容性和结构多样性可以用于诱导细胞排列，并充当制备高度有序材料的模板。

此外，相比较于可拉伸或压缩的凝胶，小分子肽液晶作为定向介质用于各向异性参数的分析具有以下优点：①成熟的合成策略；②很好的自组装性能；③可以在不同溶液中组装；④制备步骤简单，形成液晶速度可调节；⑤形成液晶的临界浓度较低、黏度低等。

三、实验原料与设备

1. 实验原料

Fmoc-Lys(Boc)-OH（A. R.），Fmoc-Val-OH（A. R.），Rink Amide-AM 树脂（A. R.），1-羟基苯并三氮唑（HOBT）（A. R.），苯并三氮唑-N,N,N',N'-四甲基脲六氟磷酸盐（HBTU）（A. R.），三氟乙酸（TFA）（A. R.），N,N-二异丙基乙胺（DIEA）（A. R.），N,N-二甲基甲酰胺（A. R.），哌啶（A. R.），无水乙醚（A. R.），二氯甲烷（A. R.），茚三酮（A. R.），甲醇（A. R.），二甲基亚砜（DMSO）（A. R.），重水（A. R.），氘代二甲基亚砜（DMSO-d6）（含 TMS）等。

2. 实验设备

旋转蒸发仪（1 台），偏光显微镜（1 台），基质辅助激光解吸飞行时间质谱仪（1 台），傅里叶变换红外光谱仪（1 台），核磁共振仪（1 台），循环水真空泵（1 套），试管（1 支），离心管（1 支），台式高速离心机（1 台），肽合成柱（1 根），磁力搅拌器（1 台），布氏漏斗（1 个），抽滤瓶（1 个），干燥器（1 个）等。

四、实验步骤

1. 寡肽 $C_{15}H_{31}$—CONH—VVVVKKK—$CONH_2$ 的合成

本实验所合成的寡肽的结构式为 $C_{15}H_{31}$—CONH—VVVVKKK—$CONH_2$。该两亲性小分子肽是通过标准 9-芴甲氧基羰基（Fmoc）固相方法在 Rink Amide-AM 树脂上合成的，利用 Rink Amide-AM 树脂作为固相载体，将氨基酸通过—COOH 与—NH_2 脱水缩合的方式逐个连接成上述具有固定序列的多肽分子。

合成步骤如下：

(1) 前处理

① 称取树脂。用称量纸准确称取 1.0 g Rink Amide-AM 树脂（取代度为 0.625 mmol/g），然后将其缓慢倒入肽合成柱底部。

② 树脂的溶胀。加入 20 mL N,N-二甲基甲酰胺（DMF）将 Rink Amide-AM 树脂溶胀约 1 h。

③ 树脂的洗涤。真空抽滤已溶胀树脂中的 DMF，再用 DMF 洗涤 Rink Amide-AM

树脂，一共洗涤 2 次，每次 3 min。

（2）Fmoc-Lys(Boc)-OH 的接入

① 脱保护。配制脱保护剂，即将 6 mL 哌啶与 24 mL DMF（哌啶与 DMF 的体积比为 1∶4）混合摇匀，共 30 mL。用 DMF 洗涤树脂 4 次后，进行 2 次脱保护操作。向肽合成柱中加入 15 mL 脱保护剂，进行第一次脱保护操作，约需 15 min。第一次脱保护完成后，加入剩余 15 mL 脱保护剂，进行第二次脱保护，约 15 min。脱保护完成后，真空抽滤除掉未反应的脱保护剂，再用 DMF 清洗 4 次，真空抽滤抽干，进行下一步操作。

② 称取氨基酸和缩合剂。在脱保护后洗涤第三次期间，准确称量 1.875 mmol 的氨基酸 Fmoc-Lys(Boc)-OH、2.25 mmol 的 HBTU、2.25 mmol 的 HOBT，用 15 mL DMF 溶解。加入 2.0 mL DIEA 进行活化，活化 10 min。

③ 接氨基酸。活化完成后，将氨基酸溶液加入肽合成柱中，控制搅拌速度，记录时间，反应 2 h。

④ 洗涤与验色。反应结束后，用 DMF 洗涤产物 3 次，每次 3 min。第三次洗涤抽滤后用配制好的茚三酮/甲醇溶液（10 mg/mL）验色。

用滴管吸取极少量产品于试管中，加入 2 mL 茚三酮/甲醇溶液，用吹风机吹沸，如果变色说明氨基酸未能接上去，不变色则说明氨基酸已接上。如果没有接上去则重复（2）中步骤②～④，直至验色不变色为止。

重复（2）所有步骤，直至接完所有 Fmoc-Lys(Boc)-OH。

（3）Fmoc-Val-OH 的接入

① 脱保护。具体实验步骤见（2）中步骤①。

② 称取氨基酸和缩合剂。在脱保护后洗涤第三次期间，准确称量 1.875 mmol 的 Fmoc-Val-OH、2.25 mmol 的 HBTU、2.25 mmol 的 HOBT，用 15 mL DMF 溶解。加入 2.0 mL DIEA 进行活化，活化 10 min。

③ 接氨基酸。活化完成后，将氨基酸溶液加入肽合成柱中，控制搅拌速度，记录时间，反应 2 h。

④ 洗涤与验色。反应时间完成后，用 DMF 洗涤树脂 3 次，每次 3 min。取第三次洗涤后的极少量产品于试管中，加入上述中配好的茚三酮/甲醇溶液，吹风机吹沸验色，如果未发生变色，说明氨基酸已成功接在肽链上；否则需要重新接氨基酸 Fmoc-Val-OH。

重复上述（3）所有步骤，直至接完所有 Fmoc-Val-OH。

（4）软脂酸的接入

① 脱保护。配制脱保护剂，即将哌啶 12 mL 与 DMF 48 mL 相混合（哌啶与 DMF 的体积比为 1∶4），共 60 mL。DMF 洗涤产品 4 次后，向肽合成柱中加入 30 mL 脱保护剂，进行第一次脱保护操作，约需 15 min。第一次脱保护完成后，加入剩余 30 mL 脱保护剂，进行第二次脱保护，约 15 min。脱保护完成后，真空抽滤除掉未反应的脱保护剂，再用 DMF 清洗 4 次，真空抽滤抽干，进行下一步操作。

② 称取软脂酸和缩合剂。在脱保护后洗涤第三次期间，准确称量 2.5 mmol 软脂酸、3.0 mmol 的 HBTU、3.0 mmol 的 HOBT，加入 20 mL DMF 溶解后，再加入 2 mL DIEA 进行活化。

③ 接软脂酸。将溶解的软脂酸溶液加入肽合成柱中，控制搅拌速度，反应 8 h。

④ 洗涤与验色。反应时间完成后，用DMF洗涤树脂3次，每次3 min。取第三次洗涤后的极少量产品于试管中，加入上述中配好的茚三酮/甲醇溶液，吹风机吹沸验色，如果未发生变色，说明软脂酸已成功接在肽链上；否则需要重新接软脂酸。

(5) 粗肽的合成

① 干燥树脂。依次用DMF、甲醇和二氯甲烷试剂各洗涤树脂3次，每次3 min，洗涤完成后，真空抽滤抽干，放入干燥器中干燥，常温真空干燥12 h后，获得干燥树脂，备用。

② 切树脂。将20 mL三氟乙酸-水-三异丙基硅（体积比=95%∶2.5%∶2.5%）的混合溶液滴加到已经得到干燥树脂的合成柱中，控制搅拌速度，反应2 h。

③ 旋蒸。切完树脂后，收集抽滤瓶中的滤液，在37℃下旋蒸，剩下约2 mL黏稠液体，然后将旋蒸得到的液体，逐滴加入事先冷藏的无水乙醚中进行沉淀。

④ 沉淀离心。调高速离心机转速为8000 r/min，将沉淀离心8 min后，取出离心管，去除上层清液，用冰乙醚洗涤，超声分散后再离心，同样去除上清液，重复3次，得到湿润的粗肽。

⑤ 干燥。将得到的湿润的粗肽放入干燥器中，常温干燥12 h后，低温冷冻储藏，得到粗肽。

2. 肽的纯化

通过配备C18色谱柱的高效液相色谱（HPLC）仪对小分子肽的纯度进行测量。HPLC仪的流动相为乙腈（MeCN）/ H_2O（均含有0.1%TFA），并以1.0 mL/min的流速进行梯度洗脱（52% MeCN/48% H_2O-72% MeCN/23% H_2O，25 min）。然后将产物进行冷冻干燥，获得纯化的小分子肽。

3. 自组装介质的制备

直接将一定量的冻干肽直接与甲醇或DMSO混合后溶解即可得到甲醇和DMSO相的定向介质。对于与水相容的定向介质，待冻干肽溶解后加入1mol/L的NaOH或HCl溶液将pH值调节在7至8之间。

4. 肽材料结构与性能表征

将制备的$C_{15}H_{31}$—CONH—VVVVKKK—$CONH_2$溶于甲醇中，配制成10 mg/mL的溶液，然后利用基质辅助激光解吸飞行时间质谱（MALDI-TOF MS）仪测量其分子量，将所得分子量数据与理论分子量进行比较，理论分子量可以通过ChemDraw得到。将冻干肽研磨成粉末，再以1∶100的质量比，将KBr加到小分子肽冻干粉末中并压制成膜。通过傅里叶变换红外光谱（FTIR）仪对小分子肽的自组装二级结构进行表征。将约50 μL的自组装介质滴到载玻片上，并在配有摄像机的偏光显微镜上记录图像。取13.5 mg冻干肽，溶于450 μL的DMSO-d6，然后转移至5 mm核磁管中，通过核磁共振仪对样品进行氘谱检测和分析。

五、实验结果与讨论

1. 通过 ChemDraw 软件画出 $C_{15}H_{31}$—CONH—VVVVKKK—$CONH_2$ 的正确结构，并得到理论分子量。

2. 记录 MALDI-TOF MS 仪得到的实际分子量，对比理论分子量判断该小分子肽是否合成成功。

3. 记录 FTIR 仪检测到的材料分子结构特征。

4. 分析 $C_{15}H_{31}$—CONH—VVVVKKK—$CONH_2$ 液晶的核磁共振氢谱（^{1}H-NMR）图，验证该小分子肽液晶用作定向介质的可行性。

六、思考题

1. 氘谱中氘信号产生裂分的原因是什么?

2. 多肽固相合成法的原理是什么?

七、参考文献

[1] Qin S Y，Jiang Y，Sun H，et al. Measurement of residual dipolar couplings of organic molecules in multiple solvent systems using a liquid-crystalline-based medium. Angewandte Chemie，2020，132 (39)：17245-17251.

[2] Qin H，Qin S Y，Sun Y，et al. Harvesting osmotic energy from proton gradients enabled by two-dimensional $Ti_3C_2T_x$ MXene membranes. Advanced Membranes，2022，2：100046.

[3] Zhao Y，Qin H，Yang Y L，et al. Weakly aligned $Ti_3C_2T_x$ MXene liquid crystals：Measuring residual dipolar coupling in multiple co-solvent systems. Nanoscale，2023，15：7820-7828.

[4] Qin S Y，Feng J Q，Cheng Y J，et al. A comprehensive review on peptide-bearing biomaterials：From ex situ to in situ self-assembly. Coordination Chemistry Reviews，2024，502：215600.

[5] Qin S Y，Zhao Y，He J H，et al. Weak alignment liquid crystal media from colloidal dispersion and self-assembled oligopeptide for anisotropic NMR. Accounts of Materials Research，2024，5 (2)：109-123.

[6] Ma C D，Wang C，Acevedo-Vélez C，et al. Modulation of hydrophobic interactions by proximally immobilized ions. Nature，2015，517：347-350.

[7] Xu D，Zhou J，Soon W L，et al. Food amyloid fibrils are safe nutrition ingredients based on *in-vitro* and *in-vivo* assessment. Nature Communications，2023，14：6806.

实验5

新型UV可交联的哌啶功能化阴离子交换膜的制备与性能研究

一、实验目的

1. 掌握阴离子交换膜的工作原理和制备方法。

2. 掌握阴离子交换膜燃料电池的组成结构及特性。

3. 学习并熟练使用核磁共振仪、傅里叶变换红外光谱仪对薄膜材料的结构进行表征。

4. 了解阴离子交换膜重要性能的表征方法，尤其是其燃料电池离子电导率的测试方法。

5. 熟练掌握相关软件的使用、数据处理及分析。

二、实验原理

传统化石燃料（煤炭、石油、天然气等）因温室效应、大气污染、海水酸化等问题，其应用受到限制。因此，迫切地需要研发出高效清洁的新型能源替代传统化石能源。燃料电池作为一种新型的清洁能源转换装置，具有转换效率高、环境污染小、可以分散供电、适用范围广、使用寿命长、使用限制小等特点，引起了人们的极大关注。

燃料电池是将燃料的化学能直接转换成电能的能量转换装置，也称为电化学发电机。它是继火力发电、水力发电和核能发电之后的第四大发电技术。按电解质的不同，可将燃料电池分为以下五类：熔融碳酸盐燃料电池（MCFC）、碱性燃料电池（AFC）、磷酸燃料电池（PAFC）、固体氧化物燃料电池（SOFC）和聚合物电解质膜燃料电池（PEFC）。

相较于其他燃料电池，聚合物电解质膜燃料电池的工作温度低、功率密度高、启动快且操作便携，是燃料电池的研究热点。聚合物电解质膜燃料电池包括质子交换膜燃料电池（PEMFC）和阴离子交换膜燃料电池（AEMFC）两大类。阴离子交换膜燃料电池在碱性环境下反应快，且对催化剂的腐蚀作用较小，这使得阴离子交换膜燃料电池可以不使用Ag或Pt等贵金属作为催化剂，因此其成本较低，商业应用前景更为广阔。

阴离子交换膜燃料电池主要由阴离子交换膜（AEM）、阴电极、阳电极和双极板等构成。现以H_2为燃料、O_2为氧化剂的AEMFC为例，其工作原理如图1所示，当电池工作时，阴极中O_2在催化剂的作用下得到电子形成OH^-。OH^-通过阴离子交换膜（AEM）转移到阳极，与H_2发生反应形成H_2O，并失去电子，电子再通过外部电路传输到阴极，从而构成完整的电池回路。电池反应式如下：

阴极反应式：

$$O_2+2H_2O+4e^- \longrightarrow 4OH^-$$

阳极反应式：

$$4OH^- + 2H_2 \longrightarrow 4H_2O + 4e^-$$

总反应方程式：

$$O_2 + 2H_2 \longrightarrow 2H_2O$$

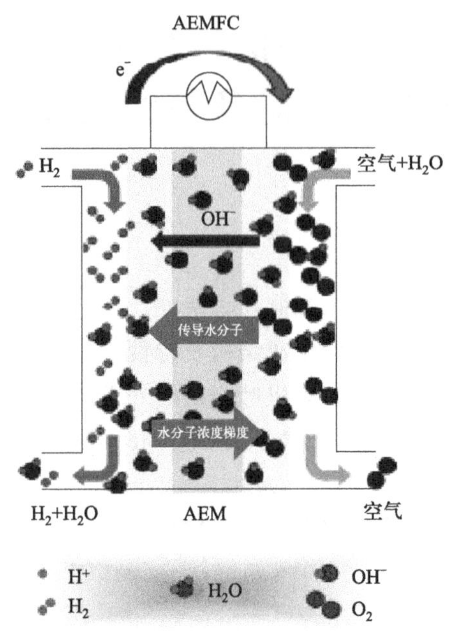

图 1　阴离子交换膜燃料电池（AEMFC）的工作原理图

在 AEMFC 中，AEM 承担着传导离子、阻隔燃料与氧化剂的作用，是 AEMFC 的重要组成部分。其本质是一种聚合物薄膜，对阴离子具有选择透过性作用，因此也被称为离子选择透过性膜。AEM 一般由三个部分组成：

① 主链。AEM 的聚合物骨架需要具有良好的热稳定性和优异的机械强度，主要有聚芳醚砜（PES）、聚苯醚（PPO）、聚醚醚酮（PEEK）等芳香族高分子材料和聚烯烃（PO）等脂肪族高分子材料。

② 阳离子基团。AEM 以阳离子作为活性交换基团，使 OH^- 从阴极经过 AEM 的选择透过性作用，移动到阳极构成完整电流回路。AEM 的阳离子基团包括季铵盐、季鏻盐、咪唑、胍基和金属阳离子等，不同的阳离子对 OH^- 的传导效率不同，且对 AEM 的碱性稳定性也有影响。同时，增加阳离子基团的数量可以提高离子交换容量，进而影响 AEM 的离子传导率。

③ 可在阳离子基团上自由移动的阴离子。制备 AEM 时一般会用一定浓度的 NaOH 溶液进行碱性化处理，将游离的阴离子替换为 OH^-。

AEM 是 AEMFC 的关键组件，AEM 的性能与燃料电池的性能息息相关。目前，AEM 的发展面临两大问题：化学稳定性较差及离子传导率较低。针对上述问题，本实验选择了机械强度高、热稳定性优异的聚芳醚砜作为阴离子交换膜基底材质并在侧链引入查耳酮结构，再将双哌啶基团通过醚键和苯环接入聚合物侧链使其更易形成离子传输通道，以提升离子传导率。同时苯甲基醚结构可分隔哌啶阳离子与主链，缓解在碱性工作环境中聚合物主链和阳离子基团的降解，从而提高 AEM 的碱性稳定性。

三、实验原料与设备

1. 实验原料

N,*N*-二甲基甲酰胺（A.R.），二甲基亚砜（A.R.），四氢呋喃（A.R.），乙醚（A.R.），聚芳醚砜（A.R.），无水碳酸钾（A.R.），三氯甲烷（A.R.），对羟基苯甲醇（A.R.），无水氯化锌（A.R.），四丁基溴化铵（A.R.），1-甲基-2-吡咯烷酮（A.R.），无水乙醇（A.R.），乙醚（A.R.），氢氧化钠溶液（1 mol/L），氯甲基甲醚（A.R.），甲醇（A.R.），1,3-二(4-哌啶基)丙烷（A.R.），碘甲烷，去离子水等。

2. 实验设备

核磁共振仪（1台），分析天平（1台），傅里叶变换红外光谱仪（1台），数显磁力搅拌器（1台），电化学阻抗仪（1台），恒温试验箱（1台）等。

四、实验步骤

1. 氯甲基化聚芳醚砜（CMPES200）的合成

向装有磁子的100 mL三口烧瓶中加入1 g聚芳醚砜（PES）和20 mL三氯甲烷（$CHCl_3$），密封装置并搅拌至完全溶解后，加入0.624 g无水氯化锌（$ZnCl_2$）和2.52 mL氯甲基甲醚（CMME）试剂。60℃时在氮气（N_2）气氛保护下反应24 h，之后将产物倒入500 mL甲醇中搅拌沉淀，抽滤，收集沉淀。将沉淀产物烘干后，将其溶于500 mL四氢呋喃（THF）中，待完全溶解后，加入去离子水重新沉淀、抽滤，得到白色絮状聚合物（CMPES200），收集备用。

2. 光敏性聚芳醚砜（PSPES70）的合成

向装有磁子的100 mL圆底烧瓶中加入0.5 g CMPES200和15 mL *N*,*N*-二甲基甲酰胺（DMF），搅拌至完全溶解。依次称量0.16 g对羟基苯甲醇（4-HA）、0.16 g无水碳酸钾（K_2CO_3）和0.46 g四丁基溴化铵（TBAB）加入圆底烧瓶中，密封处理后，于36℃水浴锅中搅拌反应24 h。结束后将产物沉淀在去离子水中，抽滤，得到白色絮状聚合物（PSPES70），收集备用。

3. 含羟甲基苯侧链结构的光敏性聚芳醚砜（PSPES70-HBA130）的合成

向装有磁子的100 mL圆底烧瓶中加入0.6 g PSPES70和15 mL DMF，搅拌至完全溶解。再依次称量0.65 g 4-HA、0.35 g K_2CO_3、0.75 g TBAB加入圆底烧瓶，并将玻璃塞与烧瓶磨砂口处密封，将其置于40℃水浴锅中，加热搅拌3 h，在此过程中反应装置需遮光。反应结束后，将产品在去离子水中沉淀，抽滤，收集沉淀产物，放入60℃烘箱中干燥24 h，得到白色絮状聚合物。将干燥后的聚合物再次完全溶解于THF中，在甲醇中重新沉淀、抽滤，收集白色絮状聚合物（PSPES70-HBA130），干燥备用。

4. 侧链型光敏性氯甲基化聚芳醚砜（PSPES70-CM130）的合成

向装有磁子的 100 mL 圆底烧瓶中加入 1.5 g PSPES70-HBA130 和 30 mL DMF，搅拌至完全溶解，加入 0.7 mL 二甲基亚砜（DMSO），混合均匀后置于冰水浴中反应 1 h。反应结束后将其沉淀在甲醇中，抽滤、烘干，得到白色絮状聚合物（PSPES70-CM130）。

5. 双哌啶阳离子（bisPip）的合成

向装有磁子的 100 mL 圆底烧瓶中加入 0.5 g 1,3-二(4-哌啶基)丙烷和 50 mL 无水乙醇，搅拌使其完全溶解后，加入 0.45 mL 碘甲烷和 1.97 g K_2CO_3，室温搅拌反应 24 h。反应结束后，将液体抽滤，将滤液在乙醚中沉淀，抽滤，收集白色沉淀，放入 40℃真空干燥箱中干燥 24 h，最终获得白色粉末状产物（bisPip）。

6. UV 可交联的哌啶功能化阴离子交换膜（QPSPES70-bisPip130）的合成

向装有磁子的 50 mL 圆底烧瓶中加入 0.5 g PSPES70-CM130 和 15 mL DMF，搅拌至完全溶解后，加入 2 倍 PSPES70-CM130 中氯甲基官能团物质的量的 bisPip，常温下搅拌反应 24 h。反应结束后，在乙醚中沉淀、抽滤、真空干燥后，获得白色粉末（QPSPES70-bisPip130）。将其溶解于 1-甲基-2-吡咯烷酮（NMP）中，配制成质量分数为 10%的聚合物溶液，过滤，浇注在洁净干燥的玻璃面板上，并将其放于 N_2 气氛、60℃环境中加热 3 h，结束后置于 80℃烘箱继续加热 12 h，剥离得到薄膜。将薄膜置于 1 mol/L NaOH 溶液中浸泡 48 h，使 Cl^- 和 I^- 被完全置换成 OH^- 后，用去离子水反复冲洗薄膜，以除去表面残留的碱液，去离子水浸泡备用。通过 UV 光照，可得到交联后的薄膜。图 2 为 QPSPES70-bisPip 的交联过程。

7. UV 可交联的哌啶功能化阴离子交换膜的结构与性能表征

（1）结构表征

采用傅里叶变换红外光谱（FTIR）仪测试样品的红外光谱图，扫描范围在 4000～500 cm^{-1} 之间，共扫描 32 次；采用核磁共振（NMR）仪记录样品的氢谱（^{1}H-NMR），以氘代氯仿和氘代二甲基亚砜（DMSO-d6）作为溶剂，以 TMS 为内标。氯甲基化率（%）可通过式(1) 计算获得。

$$\text{氯甲基化率}=\frac{2A_6}{A_4} \tag{1}$$

式中，A_6 为—CH_2Cl 基团上的质子吸收峰面积；A_4 为苯环上与 O═S═O 相连质子的吸收峰面积。

接枝率（%）采用式(2) 计算获得。

$$\text{接枝率}=\frac{A_2}{A_2+A_3} \tag{2}$$

式中，A_3 表示氯甲基质子的吸收峰面积；A_2 表示亚甲基质子的吸收峰面积。

采用 UV-2550 紫外-可见分光光度计采集薄膜样品的紫外-可见吸收光谱，波长范围为 200～600 nm。通过测量 348 nm 的吸光度，按照式(3) 计算其光交联度（%）。

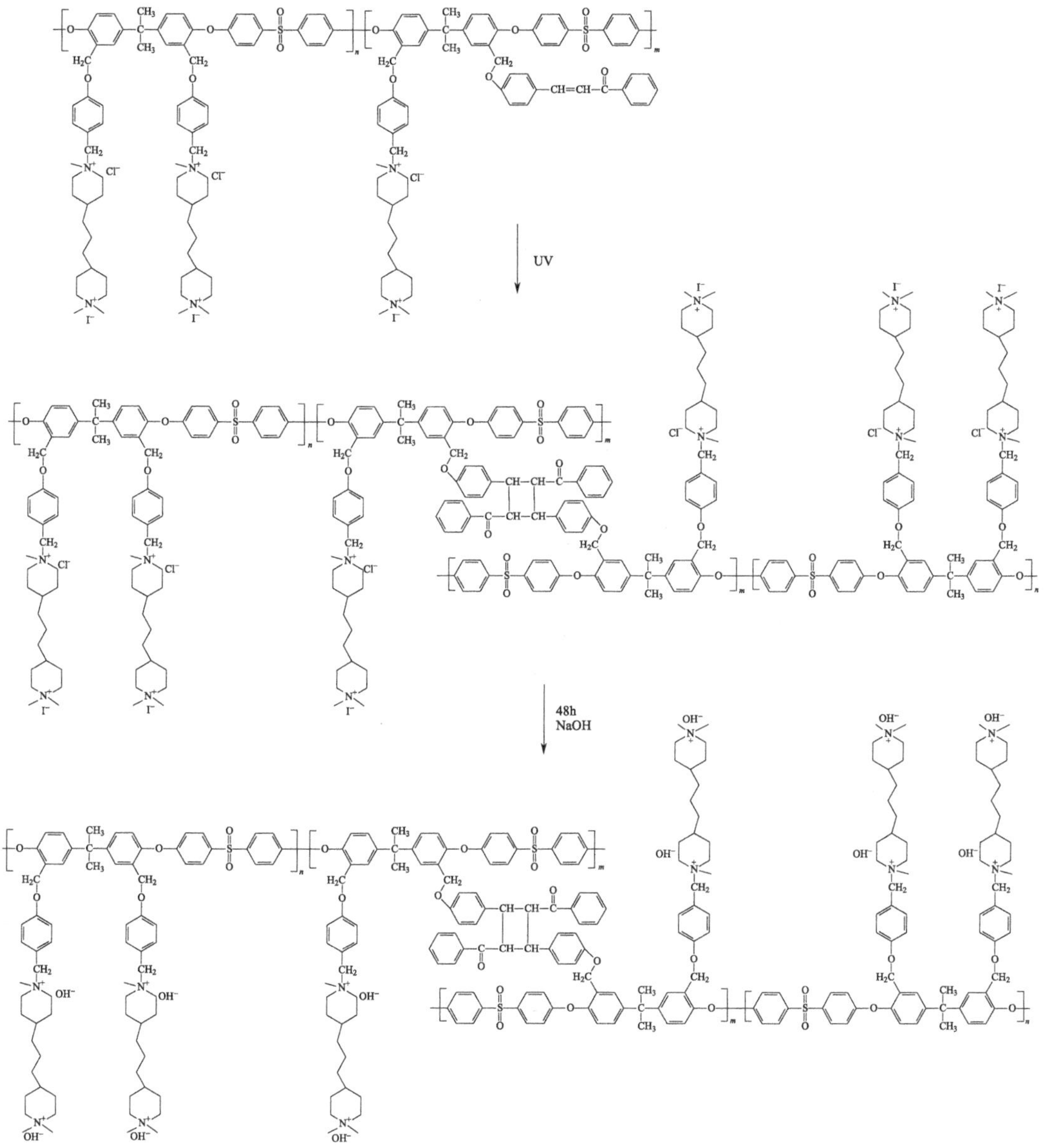

图 2 QPSPES70-bisPip 的交联过程

$$光交联度=\frac{A_0-A_t}{A_0} \tag{3}$$

式中，A_0 为 UV 光照 0 s 时吸收峰的吸光度；A_t 为 UV 光照 t 时吸收峰的吸光度。

(2) 吸水率和溶胀率

将制得的阴离子交换膜剪切成 1 cm×2 cm 的条状，用分析天平测量其质量，并记录为 M_d；用游标卡尺测量每条膜的最长边的长度，并记录为 L_d。在测量了质量和长度后，将剪下的阴离子交换膜放入 20℃、40℃、60℃和 80℃的去离子水中浸泡 48 h，用滤纸擦干膜表面水后，测量并记录膜的质量和长度，分别记为 M_w 和 L_w。阴离子交换膜的吸水率（WU,%）和溶胀率（SR,%）可通过式(4) 和式(5) 计算得到。

$$WU=\frac{M_w-M_d}{W_d} \tag{4}$$

$$SR=\frac{L_w-L_d}{L_d} \tag{5}$$

(3) 离子传导率

本实验采用两极法电化学阻抗技术测定离子传导率（σ）。将制备好的膜裁剪成 1 cm×2 cm 的长条，然后将其夹在两电极之间，电极和薄膜用聚四氟乙烯板从两侧固定。交流电极频率范围设定为 0.1～1000 Hz，分别在 20℃、40℃、60℃和 80℃时记录薄膜阻抗值、温度关系数据及曲线图，并计算出薄膜在不同温度下的 σ 值。可通过式(6) 计算离子传导率。

$$\sigma=\frac{L}{A\times R} \tag{6}$$

式中，L 为两电极之间的有效距离；A 为膜的有效面积；R 为膜电阻。

五、实验结果与讨论

1. 记录所得阴离子交换膜的外观：________；氯甲基化率：________；接枝率：________；吸水率：________；溶胀率：________；离子传导率：________。
2. 绘制核磁共振仪测试的氢谱图和傅里叶变换红外光谱仪测试的红外光谱图，并以此计算氯甲基化率和接枝率。
3. 绘制紫外-可见分光光度计测试的样品的吸收光谱图，并以此计算其光交联度。
4. 绘制阴离子交换膜的吸水率和溶胀率随温度变化的趋势图，并分析原因。
5. 绘制阴离子交换膜的离子传导率随光照时间以及温度的变化趋势图，并分析原因。

六、思考题

1. 燃料电池的种类有哪些？
2. 阴离子交换膜燃料电池的优缺点各是什么？
3. 如何提高阴离子交换膜燃料电池的离子电导率？

七、参考文献

[1] Qaisrani N A，Ma L L，Liu J F. Anion exchange membrane with a novel quaternized ammonium containing long ether substituent. Journal of Membrane Science，2019，581：293-302.

[2] Wang Y. Fundamental models for fuel cell engineering. Chemical Reviews，2004，4 (10)：4727-4766.

[3] Lu S，Pan J，Huang A. Alkaline polymer electrolyte fuel cells completely free from noble metal catalysts. Proceedings of the National Academy of Sciences，2008，105 (52)：20611-20614.

[4] Olson T，Pylypenko S，Atanassov P. Anion-exchange membrane fuel cells：Dual-site mechanism of oxygen reduction reaction in alkaline media on cobalt polypyrole electrocatalysts. Journal of Physical Chemistry C，2010，114 (11)：5049-5059.

[5] Jannash P，Weiber E A. Configuring anion-exchange membranes for high conductivity and alkaline stability by using cationic polymers with tailored side chains. Macromolecular Chemistry and Physics，2016，217 (10)：1108-1118.

实验 6

基于硼酸酯动态键制备可回收型环氧树脂及其性能研究

一、实验目的

1. 了解热固性塑料的回收方法及回收特点。
2. 掌握动态共价键的可逆反应机理。
3. 掌握可回收型环氧树脂的表征方法。
4. 掌握高分子材料力学性能的测试方法及数据处理方法。

二、实验原理

热固性树脂是一种高分子聚合物材料，因特有的刚性三维网络结构，具有优异的机械性能、尺寸及化学稳定性，在电子/电气、汽车和轨道交通、涂料、胶黏剂、机械、建筑等领域有广泛的应用。热固性树脂除了不饱和聚酯树脂、环氧树脂、酚醛树脂三大类外，还包括三聚氰胺甲醛树脂、呋喃树脂、环氧丙烯酸酯（乙烯基酯树脂）、热固性聚酰亚胺、氰酸酯和有机硅树脂等，其全球年产量达到 6500 万吨，占全球聚合物总产量的 18%。作为一种可长期使用的材料，热固性树脂固化后会形成不溶、不熔的高度交联网络，抗老化性能优异，但这使其在使用寿命结束后很难降解回收和再利用，遗弃在自然界里会引发众多环境问题。

目前热固性树脂的回收利用通常采用焚烧、热解、机械研磨和溶剂溶解等方法。焚烧（在有氧条件下）和热解（在厌氧条件下）会产生有毒产品的排放，污染大气层，且过剩的碳排放将加剧温室效应；机械研磨将废弃的热固性树脂加工成碎片、颗粒及粉末，仅能作为其他材料的低价值填料；溶解回收则通常需要 200℃以上的高温或硝酸等高腐蚀性溶剂，这会导致高能耗，以及健康和安全风险。而可降解热固性树脂降解（回收）条件温和，降解后得到的低聚物、单体或单体前驱体可再次进行交联固化反应。因此，对热固性树脂进行分子设计，使其在不影响使用性能的前提下实现可控降解，对热固性材料的可持续发展至关重要。

动态共价键法基于超分子化学原理，利用分子间的非共价键力，实现可逆变化。通过将动态共价键引入热固性树脂的分子内部形成共价自适应网络（CAN），可实现分子共价键的形成与断裂的动态可逆的变化，如图 1 所示。动态共价键法具有平衡性、响应性、动态性和稳定性，若无外界刺激，体系中旧键断裂与新键形成处于平衡状态，但在光、热、电、力或催化剂等作用下，体系会发生动态变化，最终趋向热力学最稳定状态，这使得动态共价键形成的结构的稳定程度远远超过由非共价键力（如氢键、主客体等弱相互作用）构成的超分子化学结构。动态共价键法赋予了传统交联聚合物可修复性、再加工和再塑性，是一种从分子维度彻底解决热固性树脂及其复合材料回收的方法。动态共价键重组法是一种有效回收热固性树脂及其复合材料的手段，回收树脂部分能重新形成树脂，易和无机填料分离，无机填料表面洁净，基本保持了原有的性能。

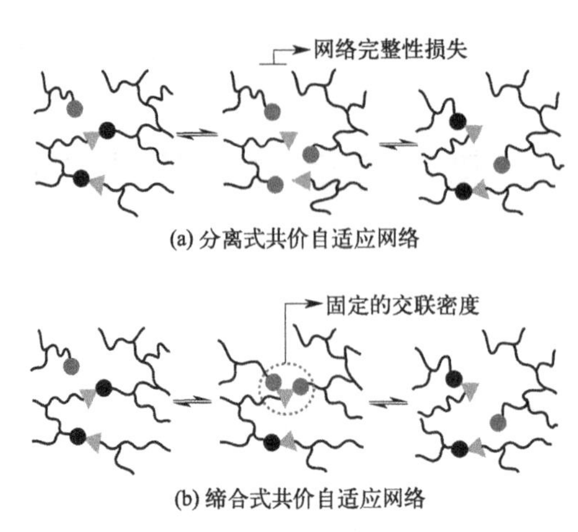

(a) 分离式共价自适应网络

(b) 缔合式共价自适应网络

图 1　共价自适应网络（CAN）示意图

2011 年，Leibler 等将酯交换催化剂乙酰丙酮锌加入环氧-酸或环氧-酸酐的动态网络中，开发出了环氧 Vitrimer 材料。该环氧 Vitrimer 材料在使用温度下与传统的热固性环氧树脂相同，具有良好的动态热机械性能。当温度高于拓扑冻结转变温度（T_v）和玻璃化转变温度（T_g）时，动态键交换反应迅速发生，在外力作用下，动态键交换反应引起网络拓扑结构重排和快速应力松弛，使 Vitrimer 材料可以像黏弹性流体一样“流动”，而且，随着温度的升高，其黏度遵循 Arrhenius 定律逐渐降低，如玻璃状二氧化硅。这种具有与玻璃状二氧化硅相似的黏弹性行为和遵循黏度-温度关系的 Vitrimer 材料称为类玻璃高分子。环氧类玻璃高分子属于缔合型 CANs 网络，因其具有优异的综合性能而备受青睐。随着环氧类玻璃高分子的发展，一些研究将类玻璃高分子的概念扩展到各个传统的聚合物领域，以获得更多潜在的应用，促进了各类聚合物动态适应性网络的发展进程，基于动态酯键、硼酸酯键、亚胺键、二硫键和氨基甲酸酯键等类玻璃高分子蓬勃发展，并取得了丰硕的研究成果。

硼酸或者含有硼酸结构的化合物可以与具有 1,2-二醇或 1,3-二醇结构的化合物结合形成五元环或六元环硼酸酯（图 2）。硼酸酯键是一类具有方向性的动态共价键，通过调节体系的 pH 值、pK_a（酸度系数）或外部环境（醇、水），硼酸酯键能够可逆地生成和断裂。

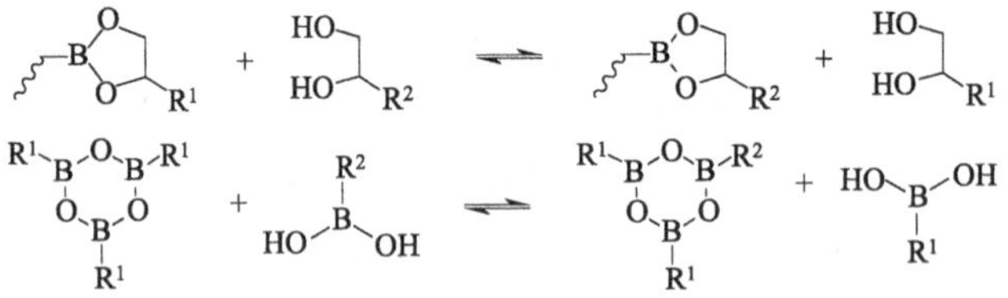

图 2　五元环或六元环硼酸酯基动态键

硼酸酯基聚合物的动态性主要由 3 种方式实现（图 3）：水解/再酯化（a）；醇与硼酸酯之间的酯交换（b）；硼酸酯之间的酯交换（c）。从交换机制的角度来看，水解/再酯化反应遵循解离交换机制，交联密度取决于水解和再酯化之间的平衡；而后两者的酯交换反应遵循结合交换机制。

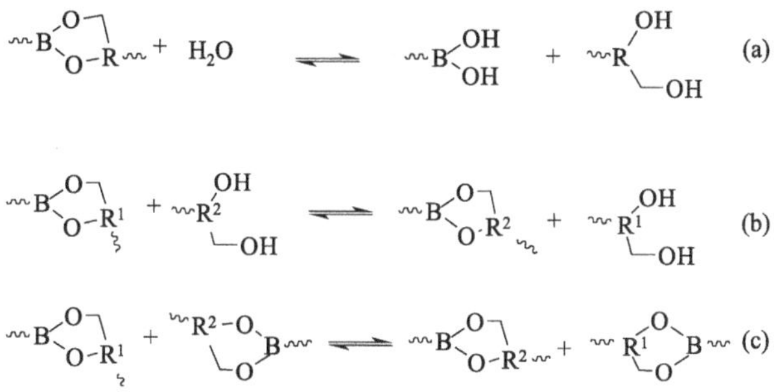

图3 硼酸酯基动态键的三种动态反应

硼酸酯基聚合物因其经济和环境优势，以及能够有效地延长材料的寿命而受到广泛关注并取得了很大的技术进步。在弹性体/树脂中，硼酸酯键通过酯交换或水解再酯化反应表现出自愈合特性，恢复材料的机械损伤和机械性能，赋予材料可再加工性；在水凝胶中，因硼酸酯的高结合常数，水凝胶除了具有自愈特性外，还可以响应 pH 值的变化或利用二醇/硼酸的存在而改变其物理/化学结构，使其在生物医药领域应用具有潜力；将硼酸酯应用于其他聚合物时，根据硼酸酯的特性能够使材料发生不同的改变，如改善液晶材料的局部定向性、改性纳米材料用以回收硼酸等。

本实验利用 1,4-苯二硼酸与 1-硫代甘油的酯化反应，制备了含五元环硼酸酯的二巯基化合物（BDB)。将其引入环氧树脂交联网络中，制备具有良好机械性能、可自修复、可回收的环氧 Vitrimer 材料，并探索其回收和修复条件，研究其相关机理。

三、实验原料与设备

1. 实验原料

1,4-苯二硼酸（A. R.），环氧树脂（E-51），1-硫代甘油（3-巯基-1,2-丙二醇)（A. R.），无水乙醇（>96%）等。

2. 实验设备

集热式磁力搅拌器（1 台），傅里叶变换红外光谱仪（1 台），电子天平（1 台），光学显微镜（1 台），电热恒温鼓风干燥箱（1 台），旋转蒸发仪（1 台），电子万能试验机（1 台），动态热机械分析仪（1 台），旋转蒸发仪（1 台），差式扫描量热仪（1 台）等。

四、实验步骤

1. 硼酸酯基固化剂的制备

将 13.00 g 1-硫代甘油加入配备有磁力搅拌子的 500 mL 圆底烧瓶中，并加入 140 mL 无水乙醇将其溶解。将 10.00 g 1,4-苯二硼酸溶入 70 mL 无水乙醇中，然后将其缓慢加入上述的 1-硫代甘油/乙醇溶液中，35℃下搅拌反应 24 h，获得无色透明液体。将该反应液经过旋蒸除去无水乙醇（50℃下），洗涤、干燥后，获得白色固体，即二巯基丙二醇硼酸酯（BDB)，具体合成反应如图 4 所示。

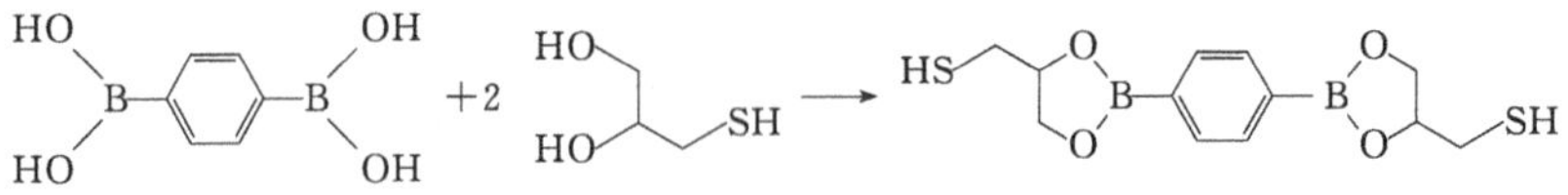

图 4 二巯基丙二醇硼酸酯的合成示意图

2. 环氧 Vitrimer 树脂的制备

取 21 g E-51 置于 100 mL 烧杯中，搅拌加热至 80℃，分批加入 14 g BDB，搅拌至 BDB 完全溶解后（约 30 min），将混合液趁热倒入已预热的硅胶模具中，分别于 120℃、140℃、160℃下各固化 2 h。待冷却后取出样条，即可进行性能测试。

3. 性能表征与测试

（1）傅里叶变换红外光谱（FTIR）测试

采用红外吸收光谱仪确定分子结构，BDB 样品采用溴化钾压片法制样测试，固化后的环氧树脂采用衰减全反射（ATR）模式进行测试，以确定是否固化完全，扫描范围为 4000～400 cm^{-1}。

（2）差式扫描量热（DSC）测试

利用 DSC 测试环氧树脂的玻璃化转变温度 T_g 以及确定其是否固化完全，升温速率为 10℃/min，加热范围为 30～250℃。

（3）动态热机械分析（DMA）测试

利用 DMA 仪进行动态热机械分析，分析其储能模量、损耗模量以及损耗因子随时间的变化曲线。测试要求如下：样条尺寸为 40 mm×10 mm×4 mm，夹具采用双悬臂，传感器设置为静态模式，测试频率为 1 Hz，设置应变为 0.5%，以 3℃/min 的升温速度从 30℃加热到 250℃。

（4）应力松弛分析

采用 DMA 仪对所有样品进行应力松弛行为分析，具体操作测试如下：采用双悬臂夹具，将长方体样条（40 mm×10 mm×4 mm）夹持后，在设定温度放置 15 min 以消除热膨胀行为的影响，设置法向应力为 0.1 N，初始应变为 0.01%，在 100℃、120℃、140℃、160℃、180℃、200℃分别测试环氧树脂松弛模量随时间的变化曲线。根据阿仑尼乌斯公式$\left(\ln\tau=\ln\tau_0+\frac{E_a}{RT}\right)$计算松弛活化能 E_a 和松弛时间 τ。

（5）拉伸性能测试

利用电子万能试验机进行拉伸实验，样条尺寸参照 GB/T 1040.1—2018 要求的 5B 型哑铃型。所有样条在室温下进行单轴拉伸，拉伸速率为 2 mm/min。为确保实验结果的准确性，每组样品测 5 次，结果取平均值。

（6）耐溶剂性测试

为证明材料具有良好的耐溶剂性和尺寸稳定性，在室温下，将质量约 0.5 g 的样品分别浸泡在实验室常见的极性溶剂［蒸馏水、乙醇、丙酮、四氢呋喃（THF）、*N*,*N*-二甲基甲酰胺（DMF）］和非极性溶剂中 48 h，观察浸泡过程中的溶胀情况。48 h 后将取出的样品干燥至恒重，计算残余质量比。

（7）可降解性能测试

将0.1 g的样品浸入HCl/DMF混合溶液中，调节pH由1到7，室温下搅拌溶解，2 h后取出剩余样品，干燥至恒重，称重，计算残余质量比，分析其随pH值的变化趋势。

（8）再加工性测试

将样条粉碎后，倒入镂空的哑铃型模具中，然后在140℃下将模具和样品置于两块钢板之间预热10 min，并在170℃、5 MPa的条件下分别热压0.5～2 h，得到完整均一样品，测试再加工样品的拉伸性能。重复2～3次，计算再加工样品的拉伸强度保有率（再加工样品拉伸强度/原样品拉伸强度）。

（9）自修复测试

用干净的手术刀在样条表面划出一道长1 cm、宽约50 μm的划痕，然后将样条放置在170℃真空烘箱中加热修复，30 min后用光学显微镜观察划痕修复后的情况。

五、实验结果与讨论

1. 产品外观：__________；产品可完全降解条件：__________；产品原始拉伸强度：__________；再加工样品拉伸强度保有率：__________。

2. 绘制BDB粉末的红外光谱图及环氧Vitrimer材料回收前后的红外光谱图，分析回收后环氧Vitrimer的化学结构是否发生变化。

3. 绘制环氧Vitrimer材料回收前后的DSC曲线，判断其是否固化完全，分析其T_g变化趋势。

4. 绘制环氧Vitrimer材料的DMA和应力松弛曲线，计算其储能模量、损耗模量、T_g，并根据阿仑尼乌斯公式计算其应力松弛时间和活化能。

5. 记录环氧Vitrimer材料在不同溶剂条件下的溶解性能，通过比较其残余质量比，评估其耐溶剂性能。

6. 记录环氧Vitrimer材料在酸性条件下的降解性能，获得最佳回收条件参数。溶解后的溶液做红外表征，分析其降解机理。

7. 绘制环氧Vitrimer材料多次再加工后的应力应变曲线图，记录回收前后的拉伸强度、弹性模量和断裂伸长率，分析其随回收次数的变化趋势，计算拉伸强度保有率及最大的回收次数。

8. 记录环氧Vitrimer材料划痕的修复过程，分析温度和时间对划痕修复的影响，获得最佳修复参数。

六、思考题

1. 热固性树脂材料的回收利用还有哪些方法？
2. 有哪些动态键可实现热固性树脂的化学回收？机理是什么？
3. 影响硼酸酯动态键可逆反应的因素有哪些？如何影响？

七、参考文献

[1] Guo S C，Bo C Y，Hu L H，et al. Research progress on the construction and application of polymers based on dynamic boronate bonds. Biomass Chemical Engineering，2023，57（1）：50-61.

[2] Lucherelli A M, Duval A, Avérous L. Biobased vitrimers: Towards sustainable and adaptable performing polymer materials. Progress in Polymer Science, 2022, 127: 101515.
[3] Montarnal D, Capelot M, Tournilhac F, et al. Silica-like malleable materials from permanent organic networks. Science, 2011, 334 (6058): 965-968.
[4] Zhao X L, Li Y D, Zeng J B. Progress in the design and synthesis of biobased epoxy covalent adaptable networks. Polymer Chemistry, 2022, 13: 6573.

实验 7

醇胺催化二氧化碳转化生成 N-甲酰化产物的研究

一、实验目的

1. 了解二氧化碳的化学利用，加深对二氧化碳资源化利用策略的认识。
2. 学习并掌握 *N*-甲酰化反应的基本原理。
3. 理解催化剂设计和反应条件优化在化学合成中的重要性。
4. 认识绿色化学和可持续发展的概念。
5. 掌握相关软件的使用和数据处理及分析等。

二、实验原理

二氧化碳（CO_2）作为丰富的、可再生的、廉价的、绿色的 C_1 资源和造成温室效应的主要气体，对其合理利用，是实现绿色化学的必由之路，十分符合当下可持续发展理念。将 CO_2 转化为对人类生产、生活有益的化学品，对人类的科学发展具有十分重大的科学意义和广阔的应用前景。化学捕集是将 CO_2 从大气中分离出去的一种方法，将二氧化碳转化为具有高附加值的化学用品，是有机化学合成中最有意义的研究方向之一。利用二氧化碳主要有两种传统方法。第一种，将 CO_2 直接还原成甲酸、甲醇、甲烷或其他短链烷烃，这是目前应用最广泛的途径，然而，工艺成本高、最终产品市场价值低，限制了其规模化使用。第二种，CO_2 的功能化，通过生成新的 C—N 和 C—O 键来制备尿素或碳酸盐，这种方法不涉及正式的 CO_2 减排和能量储存。截至今天，大部分的二氧化碳都被用于合成尿素，其用途较为单一，二氧化碳利用率较低。

近年来，CO_2 还原功能化的研究发展迅速，即将 CO_2 的还原与官能团功能化相结合，这为 CO_2 的化学转化利用提供了新途径。CO_2 的还原功能化产物可以替代众多由石油化工制备得来的化工产品，比如亚胺、羧酸、醇、醚、酯、酰胺等。由此可见，将 CO_2 作为有机合成的原料可带来很高的社会和经济效益。

CO_2 和胺类的 *N*-甲酰化反应是通过 CO_2 与胺反应还原官能团化，制备得到甲酰胺、缩醛胺和甲胺类化合物，是一类将二氧化碳作为 C_1 资源进行利用的重要途径，这些反应产物以及中间体的市场需求巨大。在现有的有关 CO_2 的化学合成的报道中，胺与 CO_2 和苯硅烷的 *N*-甲酰化反应是生产甲酰胺的一个很有前景的研究方向，而且在有机合成和工业中甲酰胺常被用作溶剂和关键中间体，因而得到了十分广泛的应用。二氧化碳和胺类构成 C—N 键是很有前景的二氧化碳利用途径之一，其中 *N*-甲酰化反应是一种很重要的将二氧化碳作为 C_1 资源进行利用的反应，该反应生成的甲酰胺或者甲胺都是在化工行业中有重要应用的化工中间体。因此对于能够催化此类反应的催化剂的研究目前正受到广泛关注。

Song 等人利用生物质衍生的 γ-戊内酯（GVL）作为 CO_2 发生甲酰化反应的催化剂。GVL 的内酯结构能够激活胺中的 N—H 键，促进甲酸硅酯的形成，进而得到甲酰化产物。研究结果表明可再生的 GVL 是一种高效的溶剂和催化剂，在不使用其他催化剂的条件下，将 $PhSiH_3$ 作为氢源，能够催化 CO_2 与各种胺进行甲酰化反应，且产率很高。Arun 等人发现可以利用硼氢化钠（$NaBH_4$）还原 CO_2，该方法可在加热和常压下，实现脂肪族胺和芳香胺的无催化剂、简单和可持续的 *N*-甲酰化反应，条件温和，但缺点在于底物适用性不高。Leong 等人发现了一种氮杂环卡宾（NHC）阳离子络合物催化剂，它能够促进 CO_2 与胺的 *N*-甲酰化反应，有效地、选择性地生成甲酰胺。反应通过硅（Ⅱ）中心依次激活 CO_2、$PhSiH_3$ 和胺，再利用氢气消除机制，生成甲酰胺、硅氧烷和氢气。这种催化剂的活性和产率均高于目前所探究出的非金属催化剂，但是反应会生成氢气和硅氧烷副产物。从当下流行的绿色化学和可持续发展战略的方向看，用二氧化碳这种无毒害的资源作为 C_1 资源，建立以 C—N 键为主的含有高附加值的合成化学物质，对降低空气中二氧化碳含量、改善温室效应具有深远意义。然而，科研人员研究了大量的 C—N 键的构筑，并进行了很多研究，但在捕捉与利用二氧化碳而使其转化成对人类发展有益的化学用品方面仍然存在很大的挑战与问题，如热力学局限性、催化剂活性低、产物选择性差和反应条件很严苛。因此对于二氧化碳的转化利用的研究应当更加深入。Fang 等利用碱金属盐碳酸铯这一简单有效的催化剂，使二氧化碳和胺类在温和条件下反应制得甲酰胺。该反应可以通过控制反应温度、还原剂的种类和催化剂用量选择性地生成甲酰胺和甲胺。但该反应的不足在于催化剂含有铯元素，它属于放射性元素，处理不当易造成污染。Song 等人发现在以 Cu(Ⅱ) 络合物作催化剂和苯硅烷作还原剂时，只需要 0.1 mol 就能有效催化 CO_2 与各种胺发生甲酰化反应，且产率达到 90%以上，催化效率十分优秀。在反应过程中，先通过苯硅烷与 CO_2 反应生成中间体甲氧基硅烷，再与胺反应得到甲酰胺，反应不生成副产物，效率高，且催化剂廉价易得。Wang 等人利用 Mg-Al 层状双氢氧化物（Mg-Al-LDH）负载 Pd 作催化剂、甲醇作溶剂研究甲酰化反应。研究结果表明，反应能够进行，其原因是甲醇能够在反应过程中转变成中间产物 $HCOOCH_3$，进而与胺反应生成甲酰胺。该方法在溶剂上具有一定的优势，且该催化体系能催化各种胺反应进行，底物的适用性高，但催化剂不易得。以上的各种催化剂各有各的优点，缺点也不尽相同。在上述报道中，可以利用不同催化剂在相应的条件下促成 CO_2 与胺的甲酰化反应，将 CO_2 转化为具有高附加值的化学品，以实现 CO_2 的利用。

本实验以廉价无毒的 *N*-甲基二乙醇胺为催化剂、苯硅烷为还原剂，催化二氧化碳与一系列芳香族仲胺进行甲酰化反应，以实现高选择性、高收率地制备相应的 *N*-甲酰化产物，并系统性地研究电子效应和空间位阻对整个反应的影响。本反应在常压下进行，反应条件温和，反应产率较高，产物选择性高，且反应所生成的甲酰胺在工业上也有较为广泛的运用，对实现二氧化碳转化为有用的化学产品也有着一定的贡献。*N*-甲基二乙醇胺价廉、稳定且易得，因此有望在大规模的工业生产中用于催化转化 CO_2 与胺发生甲酰化反应。

三、实验原料与设备

1. 实验原料

二氧化碳（99.99%），*N*-甲基二乙醇胺（99%），苯硅烷（98%），氘代氯仿（原子百分数为 99.8%），*N*-甲基苯胺（98%），4-氟-*N*-甲基苯胺（98%），4-氯-*N*-甲基苯胺（98%），4-溴-*N*-甲基苯胺（98%），4-硝基苯胺（98%），4-氨基苯甲腈（98%），*N*-甲基对甲苯胺（98%），*N*-甲基间甲苯胺（98%），*N*-甲基邻甲苯胺（98%），*N*-乙基苯胺（98%），*N*-异丙基苯胺（98%），对二苯胺（98%），二甲基亚砜（A. R.），乙酸乙酯（A. R.），石油醚（A. R.）等。

2. 实验设备

集热式磁力搅拌器（1 台），电子天平（1 台），真空干燥箱（1 台），核磁共振仪（1 台）等。

四、实验步骤

1. 实验装置

本实验所用装置见图 1。

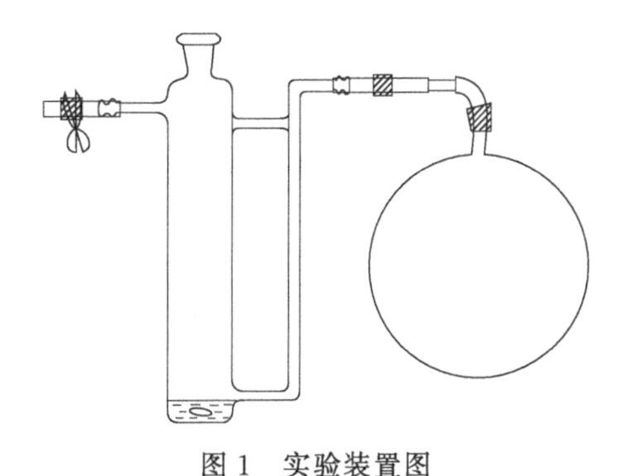

图 1　实验装置图

2. 反应步骤

N-甲基二乙醇胺催化 CO_2 与不同种类的胺的反应方程式如图 2 所示，部分反应条件：2.5 mmol 底物，2.5 mmol 苯硅烷，*N*-甲基二乙醇胺的摩尔分数为 10%，CO_2 压力为 0.1 MPa，溶剂为 1 mL DMSO。

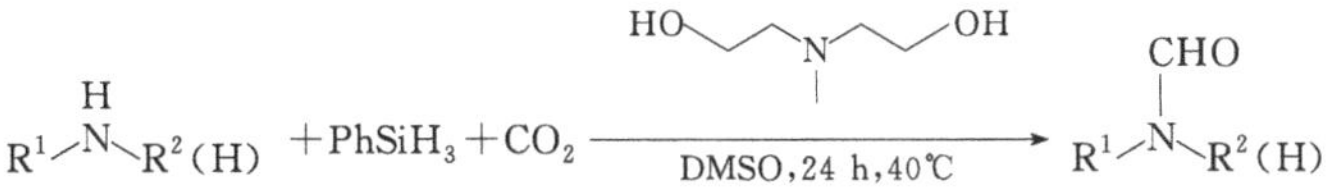

$$R^1{-}N(H){-}R^2(H) + PhSiH_3 + CO_2 \xrightarrow[\text{DMSO, 24 h, 40℃}]{\text{HO}\frown\text{N}\frown\text{OH}} R^1{-}N(CHO){-}R^2(H)$$

图 2　*N*-甲基二乙醇胺催化 CO_2 与不同种类胺的反应式

具体实验操作步骤如下：

将反应釜与磁子洗净，放到烘箱烘干。向气球充气：将 CO_2 瓶的总阀打开，总阀表上有数字显示后，打开分压阀，向气球充入 CO_2，关闭分压阀，再关闭总阀门，最后放气。将洗干净的反应装置搭好，所有连接的接口用封口膜封上以保证装置气密性（对于固体底物，要先称量再放入反应釜中）。对反应装置进行抽真空：首先将真空泵接通电源，将接口接到反应装置上，打开真空泵阀门，抽取反应釜中的空气；用封口剪刀将抽真空的口封住，打开 CO_2 气球口，将 CO_2 放入反应釜中，再关上 CO_2 气球口，打开真空泵抽气口，重复 3 次，以达到反应釜中只有 CO_2，没有空气。称取底物和醇胺，用针管注射器将药品注入反应釜中，用少量 DMSO 冲洗盛接药品的小试管 3 次。将反应釜移入 40℃ 的油浴锅内，称取苯硅烷，新取一根针管，将苯硅烷缓慢加入反应釜中，用剩余的 DMSO 冲洗盛接苯硅烷的小试管。将润洗液注入反应釜中，用封口膜将装置密封。设定在 12 h、24 h、48 h 时抽取样品进行核磁测验。

3. 产物分析

按照上述步骤以对苯二胺作底物进行反应，将生成的产物进行柱色谱分析。取少量底物、反应产物，用少量 DMSO 稀释到适合的浓度。用乙酸乙酯和石油醚按一定比例配取展开液，如乙酸乙酯与石油醚体积比为 1∶1（2∶8、4∶6 等）。用毛细吸管吸取被稀释的底物和产物，点到硅胶板上，进行点板，将硅胶板放到内有配好的不同比例展开液的展开缸中，找到适合比例的洗脱剂，然后进行过柱子。先将硅胶粉用极性较低的溶剂浸润，再用超声除去其中的气泡，将浸润好的硅胶粉倒入事先准备好的干净的柱子中，将硅胶粉压实。用合适的洗脱剂将柱子中的溶剂冲出，使得柱子中充满洗脱剂。用针管缓慢地将反应产物注入硅胶粉上层，用洗脱剂将反应中的不同物质分离开，采用试管对洗脱产物进行收集，每收集到 3 管洗脱产物，对其进行旋转蒸发，然后真空烘干，用氘代氯仿稀释产物，并进行核磁共振氢谱分析。

五、实验结果与讨论

1. 记录 *N*-甲基二乙醇胺催化 CO_2 与不同种类胺的甲酰化产物的核磁共振氢谱数据。
2. 分析 *N*-甲基二乙醇胺催化 CO_2 与不同种类胺的反应产物的分子结构。
3. 计算 *N*-甲基二乙醇胺催化 CO_2 与不同种类胺的甲酰化产物的产率。

六、思考题

1. 为什么选择 *N*-甲基二乙醇胺作为催化剂？比较并分析其他可能的催化剂在催化二氧化碳和芳香族仲胺进行 *N*-甲酰化反应中的优缺点。

2. 本实验利用二氧化碳作为原料进行化学合成，体现了绿色化学和可持续发展的理念。请讨论在本实验中，如何选择环境友好的催化剂、优化反应条件等，进一步提升实验的绿色化学属性。

3. 探讨如何利用二氧化碳在化学合成中的应用，以帮助减少温室气体排放及对抗全球气候变化。

七、参考文献

[1] Li X, Zhang J H, Yang Y, et al. Reductive cyclization of *o*-phenylenediamine with CO_2 and BH_3NH_3 to synthesize1*H*-benzoimidazole derivatives. Journal of Organometallic Chemistry, 2021, 954-955: 122079.

[2] Zhao T X, Zhai G W, Liang J, et al. Catalyst-free *N*-formylation of amines using BH_3NH_3 and CO_2 under mild conditions. Chemical Communications, 2017, 53: 8046-8049.

[3] Lv H, Xing Q, Yue C T, et al. Solvent-promoted catalyst-free *N*-formylation of amines using carbon dioxide under ambient conditions. Chemical Communications, 2016, 52 (39): 6545-6548.

[4] Pankaj S, Sharma M. From CO_2 activation to catalytic reduction: A metal-free approach. Chemical Science, 2020, 11 (39): 10571-10593.

[5] Liu X F, Li X Y, Qiao C, et al. Betaine catalysis for hierarchical reduction of CO_2 with amines and hydrosilane to form formamide, aminal, and methylamine. Angewandte Chemie International Edition, 2017, 129 (26): 7425-7429.

[6] Song J L, Zhou B W, Liu H Z, et al. Biomass-derived γ-valerolactone as an efficient solvent and catalyst for the transformation of CO_2 to formamides. Green Chemistry, 2016, 18 (14): 3956-3961.

[7] Arun A, Gowdhamamoorthi M, Ponmani K, et al. Electrochemical characterization of Pt-Ru-Ni/C anode electrocatalyst for methanol electrooxidation in membraneless fuel cells. RSC Advances, 2015, 5 (61): 49643-49650.

[8] Leong B X, Teo Y C, Condamines C, et al. A NHC-silyliumylidene cation for catalytic *N*-formylation of amines using carbon dioxide. ACS Catalysis, 2020, 10: 14824-14833.

[9] Fang C, Lu C L, Liu M H, et al. Selective formylation and methylation of amines using carbon dioxide and hydrosilane catalyzed by alkali-metal carbonates. ACS Catalysis, 2016, 6: 7876-7881.

[10] Zhang S Q, Mei Q Q, Liu H Y, et al. Copper-catalyzed *N*-formylation of amines with CO_2 under ambient conditions. RSC Advances, 2016, 6: 32370-32373.

[11] Wang Y Y, Chen B F, Liu S L, et al. Methanol promoted palladium-catalyzed amine formylation with CO_2 and H_2 by the formation of $HCOOCH_3$. ChemCatChem, 2018, 10 (22): 5124-5127.

实验 8

多孔有机聚合物 Noria-POP-1 材料的制备及染料吸附性能的研究

一、实验目的

1. 了解 Noria-POP-1 材料的性质及制备方法。
2. 掌握合成 Noria-POP-1 的原理和实验技能。
3. 学习并掌握使用 X 射线衍射仪、红外光谱仪等测试仪器对纳米材料进行表征。
4. 掌握通过标准曲线法测定 Noria-POP-1 的染料吸附效果。
5. 掌握相关软件的使用和数据处理及分析等。

二、实验原理

随着工业的不断发展，有机染料在纺织、医药、造纸和印刷行业等领域都有着广泛应用，给人类创造了巨大的经济效益。然而由于工业染料废水的不合理排放，给环境和人类健康造成了非常严重的负面影响。因此，治理染料废水带来的环境污染已经成为人们迫切需要解决的问题。目前治理染料废水的方法有很多，包括光催化降解法、膜分离法、电化学法、吸附法等。

吸附法是去除有机染料污染物最有效的方法，具有操作简单、成本低、处理快的优点。使用吸附法处理有机染料污染物离不开吸附剂的帮助，然而传统的吸附剂如沸石和活性炭由于选择性吸附差、吸附能力低和再生能力差，在吸附去除难降解的有机染料方面很受限制。与传统吸附剂相比，结构可控、比表面积大、稳定性好的新型多孔材料吸附剂，比如多孔有机聚合物（POPs）材料和金属有机骨架（MOFs）材料，可以很好地解决这些问题。其中，MOFs 具有快速吸附动力学和高饱和容量的优势，但是不稳定的金属-有机配位键导致它们在实际应用中具有潜在的金属离子污染可能性。与 MOFs 相比，不含金属离子的 POPs 完全由共价键构成，化学稳定性更好。因此，POPs 被认为是去除废水中有机染料的最佳选择之一。

本实验以多孔有机分子 Noria 作为构筑单元，通过简单的重氮-偶联反应合成一类新型多孔有机聚合物（Noria-POP-1），见图 1。利用紫外-可见分光光度计检测 Noria-POP-1 对亚甲基蓝（MB）染料的吸附效果、最大吸附量，绘制吸附等温曲线，考察吸附选择性和 pH 对染料吸附容量的影响。分析吸附动力学模型，对 Noria-POP-1 在吸附染料过程中的机理进行分析与讨论。

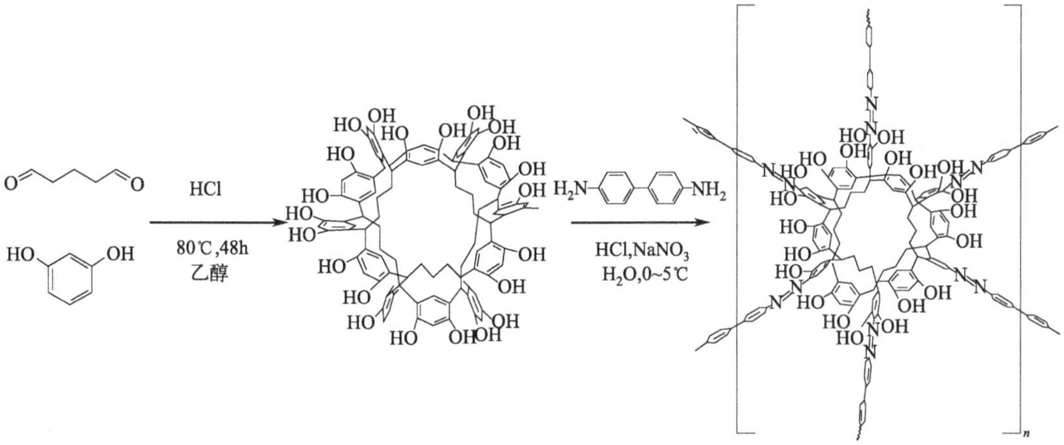

图 1 Noria-POP-1 的合成步骤

三、实验原料与设备

1. 实验原料

戊二醛（A. R.），氢氧化钠（A. R.），间苯二酚（A. R.），碳酸氢钠（A. R.），联苯胺（A. R.），亚甲基蓝（A. R.），亚硝酸钠（A. R.），罗丹明 B（A. R.），无水甲醇（A. R.），中性红（A. R.），无水乙醇（A. R.），盐酸（A. R.）等。

2. 实验设备

集热式磁力搅拌器（1 台），台式高速离心机（1 台），超纯水系统（1 台），电子天平（1 台），恒压滴液漏斗（1 个），元素分析仪（1 台），X 射线衍射仪（1 台），傅里叶变换红外光谱仪（1 台），紫外-可见分光光度计（1 台），真空干燥箱（1 台），透射电子显微镜（1 台），扫描电子显微镜（1 台），比表面积和孔隙度分析仪（1 台）等。

四、实验步骤

1. Noria 的合成

在 N_2 保护下，将戊二醛（0.5007 g，5.0 mmol）和间苯二酚（2.2013 g，20.0 mmol）加入装有 80 mL 无水乙醇的三口烧瓶内，并在烧瓶中加入 5 mL 浓盐酸。搅拌加热到 80℃，回流反应 48 h。反应结束后，冷却到室温，并将反应液倒入大量的无水甲醇中搅拌 30 min。待析出大量黄色沉淀，通过离心收集沉淀，并用超纯水和无水甲醇分别洗涤沉淀。最后，将产物置于 60℃真空干燥箱中 12 h，收集得到黄色粉末产品。

2. Noria-POP-1 的制备

将联苯胺（0.5537 g，3.0 mmol）和浓盐酸（1.5 mL）加入装有 100 mL 超纯水的圆底烧瓶中，在 0～5℃条件下搅拌反应 15 min，使联苯胺完全质子化。然后，将亚硝酸钠（0.4209 g，6.1 mmol）溶解于 30 mL 超纯水中，在 0～5℃温度范围内滴加至质子化的联苯胺溶液中。滴加完成后继续反应 30 min，随后用稀碳酸钠溶液中和反应液至 pH 呈弱中性或者碱性待用。在 0～5℃环境中，将 Noria（1.7105 g，1.0 mmol）溶解到 100 mL 碳酸钠（1.3018 g，12.3 mmol）溶液中，形成茶红色溶液待用。将上述两个过程制备得到的溶液小心混合在一起，保持温度在 0～5℃继续搅拌，反应 24 h。反应过程中，溶液中会析出大量棕红色至黑色沉淀。待反应结束后，离心收集沉淀，并分别用超纯水、无水甲醇和四氢呋喃洗涤沉淀 3 次。以四氢呋喃作为溶剂，用索氏提取器抽提 24 h 以除去残留在聚合物内部的溶剂分子。反应结束后，将产物置于 80℃真空干燥箱中干燥 24 h，得到黑色块状固体。

3. Noria-POP-1 的表征

采用扫描电子显微镜（SEM）对产物的结构和形貌进行表征；采用比表面积和孔隙度分析仪对介孔材料的 BET 比表面积和 BJH 孔径分布进行表征；采用 KBr 压片法，将合成的材料样品与 KBr 固体混合均匀后研磨压成透明薄片，通过傅里叶变换红外光谱仪对样品进行扫描，扫描范围为 4000～500 cm^{-1}；采用紫外-可见（UV-Vis）分光光度计检测溶液中染料的浓度。

4. 染料吸附性能测定

（1）染料溶液的配制及染料浓度标准工作曲线的制作

亚甲基蓝（MB）溶液配制：分别称取 40 mg、50 mg、60 mg、70 mg、80 mg、90 mg、100 mg、110 mg 的亚甲基蓝溶解在 20 mL 超纯水中，然后小心转移到 50 mL 容量瓶中并定容到刻度线，分别制得浓度为 800 mg/L、1000 mg/L、1200 mg/L、1400 mg/L、1600 mg/L、1800 mg/L、2000 mg/L、2200 mg/L 的亚甲基蓝溶液。

染料浓度标准工作曲线的制作：将上述新鲜配制的溶液分别稀释 200 倍，然后使用紫外-可见分光光度计测定溶液的吸光度；根据朗伯-比尔定律 $A=\kappa bc$（式中，A 为吸光度；κ 为摩尔吸光系数，它与吸收物质的性质以及入射光波长有关；b 为透过液层厚度，cm；c 为溶液浓度，mol/L），以标准亚甲基蓝浓度（mg/mL）为横坐标，吸光度为纵坐标，进行直线拟合，得到染料浓度的标准曲线。

（2）染料最大吸附容量测定

取 10 mg Noria-POP-1 浸泡在 20 mL、pH＝12、浓度为 2200 mg/L 的 MB 溶液中，然后采用集热式磁力搅拌器在室温下搅拌（转速为 1500 r/min）6 h。反应结束后，利用台式高速离心机离心溶液，取上清液稀释 100 倍后，采用 UV-Vis 分光光度计检测上清液中的染料浓度。最后根据以下公式计算出 Noria-POP-1 对染料的吸附量。

$$Q_m=\frac{(C_0-C_e)V}{m}$$

式中，Q_m 为最大吸附容量，mg/g；C_0 和 C_e 分别为染料的初始浓度和吸附平衡时的浓度，mg/L；V 为染料体积，L；m 为吸附剂质量，g。

（3）吸附等温曲线

取 10 mg Noria-POP-1 浸泡在 20 mL、pH＝12 的不同浓度的 MB 溶液中，然后采用集热式磁力搅拌器在室温下搅拌（转速为 1500 r/min）6 h。反应结束后，利用台式高速离心机离心溶液。取上清液稀释 200 倍，然后采用 UV-Vis 分光光度计检测上清液中的染料浓度。最后，根据 Noria-POP-1 在加入染料溶液前后的染料浓度变化，计算出其吸附染料的容量；并根据在不同浓度的染料溶液中，Noria-POP-1 对 MB 吸附量的变化，通过 Origin 软件对吸附等温曲线拟合进行分析，从而计算出 Noria-POP-1 的最大吸附容量。

（4）染料的吸附动力学研究

取 10 mg Noria-POP-1 浸泡在 20 mL、浓度为 50 mg/L 的 MB 染料溶液中，采用集热式磁力搅拌器在室温下搅拌，控制搅拌时间。然后利用尼龙薄膜过滤上述溶液，通过紫外-可见分光光度计检测滤液中的染料浓度。最后，记录 Noria-POP-1 的吸附量随时间的变化情况，并通过 Origin 软件模拟一级与拟二级动力学模型描述这一吸附过程，计算出最大吸附容量。

（5）pH 对染料吸附容量的影响

使用 1 mmol/L 的盐酸（HCl）和氢氧化钠（NaOH）配制不同 pH（2、4、6、7、8、10、12）的 MB 溶液（2200 mg/L）和罗丹明 B 溶液（800 mg/L）。然后将 10 mg Noria-POP-1 吸附剂浸泡在 20 mL 染料溶液中，采用集热式磁力搅拌器在室温下搅拌（1500 r/min）6 h。反应结束后，使用台式高速离心机离心溶液。取上清液稀释 200 倍后，利用紫外-可见分光光度计检测上清液中的染料浓度，并根据吸附前后染料浓度的变化计算出 Noria-POP-1 在不同 pH 下的染料最大吸附容量。

（6）选择性吸附实验

分别配制 100 mL 浓度为 100 mg/L 的 MB 溶液、中性红溶液、甲基橙溶液以及酸性红溶液。然后将 MB 溶液分别与其他三种溶液按体积比为 1∶1 的比例混合，配制三种混合染料溶液（20 mL）。随后，分别加入 10 mg Noria-POP-1 至三种混合染料溶液中，室温下搅拌，反应 30 min。待反应结束后，利用尼龙薄膜过滤上述溶液，采用紫外-可见分光光度计检测滤液中的染料浓度。

五、实验结果与讨论

1. 产品外观：__________；产品质量：__________。
2. 记录从 SEM 观察到的 Noria-POP-1 材料的形貌特征和尺寸。
3. 记录 Noria-POP-1 染料吸附性能数据并进行分析。
4. 记录从 FTIR 观察到的 Noria-POP-1 材料分子的结构特征。
5. 记录从比表面积和孔隙度分析仪检测到的 Noria-POP-1 材料的比表面积、孔径和孔体积。

六、思考题

1. Noria-POP-1 的合成过程中有哪些注意事项？
2. 影响 Noria-POP-1 对染料吸附效果的因素有哪些？
3. 在制备 Noria-POP-1 反应中，使用索氏提取器可以除去哪些杂质？

七、参考文献

[1] Jiang D Y，Deng R P，Li G，et al. Constructing an ultra-adsorbent based on the porous organic molecules of noria for the highly efficient adsorption of cationic dyes. RSC Advances，2020，10 (11)：6185-6191.

[2] Kudo H，Hayashi R，Mitani K，et al. Molecular waterwheel (Noria) from a simple condensation of resorcinol and an alkanedial. Angewandte Chemie International Edition，2006，45 (47)：7948-7952.

实验 9

磷酸酯类溶剂对电势窗口作用机制的研究

一、实验目的

1. 理解电势窗口的概念及其重要性。
2. 学习测量和评估电解液电化学性质（如电势窗口宽度、离子电导率）的方法。
3. 探索磷酸酯类溶剂对水系超级电容器性能的影响及其可能的机制。
4. 加深对超级电容器和电解液的理解。
5. 掌握相关软件的使用和数据处理及分析等。

二、实验原理

超级电容器是一种主要依靠双电层电容和氧化还原赝电容电荷储存电能的新型储能装置，应用于辅助峰值功率、备用电源、存储再生能量等不同的场景，在交通运输、电力、消费型电子产品、国防、通信、新能源汽车等众多领域展现其独特的作用。相较于电池，超级电容器充放电更快，脉冲功率比蓄电池高出近 10 倍，循环寿命长，污染小，适用温度广泛，在宽温度区间内仍能保持较好的性能。但其仍存在一定问题有待解决。

双电层电容器储能原理基于静电作用，通过电极材料表面吸附、解吸电解液中的离子来实现能量的储存（图 1）。双电层电容器中，导电电极浸没在离子导电电解液中，隔膜将两电极分开。充电时，在外电场作用下，电解液中阴离子和阳离子分别向正极和负极移动，物理吸附在电极上，在电解液和电极的界面处形成双电层，产生相当高的电场，实现能量的储存；放电时，双电层解吸附，正负极间的电压差逐渐降低，离子从电极表面解吸回到电解液中，在外电路产生放电电流。双电层电容器工作过程中不涉及氧化还原反应，其比容量很大程度上取决于电极材料的比表面积、形貌和表面官能团的性质。

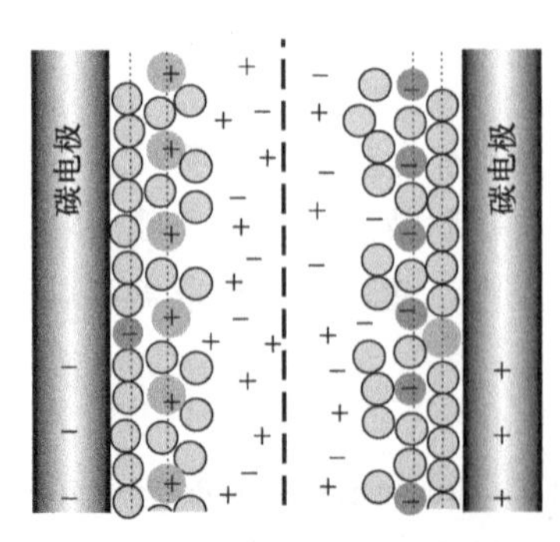

图 1　典型双电层电容器模型

电解液是超级电容器的重要组成部分，双电层电容器的电解液可分为三类：水系电解液、有机电解液、离子液体。超级电容器的电解液要求较多，包括：较宽的电势窗口、较高的离子电导率、电化学稳定性高、离子浓度高、黏度低、毒性小、成本低等。但目前还没有一种完美的电解液能够满足以上需求，每种电解液各有优点，也存在相应的不足，各种电解液的性质对比见表1。

表1 典型电解液性质对比

电解液	电势窗口/V	离子电导率	黏度	成本	装配气体	毒性	优势	劣势
水系电解液	≤1.3	高	高	低	空气	低	离子电导率高，电容量高	电势窗口较窄
有机电解液	2.5～3.0	低	中等/高	中等/高	惰性气体	中等/高	宽的电势窗口，几乎无腐蚀性	离子电导率低，制备所需环境要求较为严格
离子液体	2～4	非常低	高	非常高	惰性气体	低	几乎无蒸气压，热稳定性和化学稳定性高，电势窗口较宽等	黏度高，对外部环境要求较为严格

电解液作为储能器件中起离子传导作用的部分，是影响超级电容器性能的关键因素，良好的电解液应该具有较宽的电势窗口与较高的电化学稳定性。有机电解液电化学稳定性高，适用于低温储能，其电势窗口宽，可通过操作增加电压，改善超级电容器的能量和密度，但使用有机电解液的超级电容器也会面临功率密度低、安全性差等问题。相比有机电解液，水系电解液的离子浓度和离子电导率高，且在制备组装过程不需要严格的控制条件，但水系电解液工作电势窗口窄这一严重缺陷制约着水系电解液超级电容器的能量密度。目前，针对水系电解液电势窗口窄这一缺陷，研究发现通过添加氧化还原活性添加剂，利用额外的法拉第充放电反应来增加电容量，或调节溶液 pH 值来控制析氢、析氧反应，可提高水系电解液电势窗口。近年来，Water-in-salt 型电解液的研究开辟了解决这一问题的新途径。总的来说，Water-in-salt 型电解液能够扩大电势窗口，主要得益于两个方面，一是减少或消除了“游离”的水分子，降低活性；二是无机阴离子分解产物组成了固体电解质界面（SEI），SEI 膜对水分子起到保护作用，减少水分子的分解，从而达到提高电势窗口的目的。这些机制促使 Water-in-salt 型电解液的储能设备具有更为出色的性能，但要推广发展 Water-in-salt 型电解液的实际应用还有很长一段路要走，解决高黏度劣势、开发宽温度适用区等技术问题有待深入研究，阻碍 Water-in-salt 型电解液实现商业化的高成本问题仍需重视。

随着国家储能战略的不断落实和新能源发展战略的逐步推进，对储能器件的性能要求也随之提高。超级电容器作为功率密度高、循环性能优越的新型储能器件，在储能市场上拥有广泛的应用前景，但在高功率输出下，能量密度的折损是超级电容器发展需要解决的难题。对于双电层电容器，根据能量密度的计算公式 $E=1/2CV^2$ 可知，提高电容器能量密度可以从电容量和工作电压入手。电容器的电容量与电极材料相关，而工作电压主要取决于电解液。对电极材料，以活性炭为例，通过对材料表面改性修饰、添加官能团等方法，可达到优化孔径分布、提高比表面积等目的，进而提高能量密度。对于电解液，有机电解液拥有较高的工作电压（3 V），然而近年来有机电解液所引起的安全问题和环保问题引发公众热议，因此水系电解液重回舞台。水系电解液离子电导率高、成本低，但其工作电势窗口窄这一缺陷严重制约水系电解液的应用。最近几年，高盐浓度的水系电解液可将工作电势窗口提高到 3 V，一定程度上解决了这个问题，但同时也面临着高成本、高黏度、低电导率的问题，对性能更为优秀的水系电解液的研究仍在进行中。

基于上述背景，本实验拟在水系电解液中引入磷酸三甲酯（TMP）来拓宽水系电解液的电势窗口。具体而言，本实验拟通过向高氯酸钠（$NaClO_4$）的水系电解液中加入不同含量的磷酸三甲酯，形成不同浓度的混合电解液，研究磷酸三甲酯对电解液性能的影响，优化电解液组分，改善电解液性能，从而获得兼具高能量密度和高功率密度的超级电容器。

本实验直接采用市售活性炭作为电极活性材料，自配电解液组装对称型超级电容器，即在两电极体系下对不同组分混合电解液的电化学性能进行评估。

电化学测试方法包括如下三种。

① 循环伏安（CV）法。循环伏安法是常用的电化学研究方法，在设定的电压范围内对超级电容器进行循环扫描，得到电位变化过程中响应电流的变化特性，通过对超级电容器循环伏安曲线的分析，可以得到在扫描过程的超级电容器的循环性、可逆性等方面的性能数据。本实验在多通道电化学工作站（CS310X）上对电容器电化学性能进行测试。

② 恒电流充放电（GCD）测试。恒电流充放电测试在恒流条件下对被测电极进行充放电操作，记录其电位随时间的变化规律，研究电位随时间的函数变化的规律。可根据恒电流充放电曲线计算电容器的比容量和循环性能。两电极体系中，质量比容量的计算公式为 $C=It/mV$，其中 I 为充放电电流，t 为放电时间，m 为活性炭的质量，V 为放电曲线的电压差。

③ 电化学阻抗谱（EIS）测试。电化学阻抗谱测试通过给工作电极一以频率为变量的外加交流电压，进而产生相应的电信号。随着频率变化，会得到电化学电流、电压、阻抗的变化情况。通过 EIS 可以分析出整个系统的等效串联电阻和电荷转移电阻等信息。电化学阻抗谱在多通道电化学工作站上进行测试，电化学阻抗谱测试频率范围为 100 kHz～10 MHz，幅值为 5 mV。由 EIS 得到的实比容量和虚比容量由方程 $C'=-Z''/(2\pi f|Z|2m)$ 和 $C'=Z'/(2\pi f|Z|2m)$ 计算，其中 f 为频率，Z'或 Z''为实阻抗或虚阻抗，m 为活性物质的质量。

三、实验原料与设备

1. 实验原料

磷酸三甲酯（98%），高氯酸钠（99%），活性炭，去离子水等。

2. 实验设备

电子分析天平（1 台），电池极片压片机（1 台），手动切片机（1 台），多通道电化学工作站（1 套），电动对辊机（1 台），真空干燥箱（1 台），手套箱（1 台）等。

四、实验步骤

1. 混合电解液的制备

将一定质量的高氯酸钠（$NaClO_4$）溶解于去离子水中，形成 18 mol/kg（每千克溶剂中溶解的盐的物质的量为 18 mol）的高浓度水系电解液，记作 18 mol/kg $NaClO_4$-H_2O；然后通过加入一定计量比的磷酸三甲酯（TMP）来稀释电解质浓度，分别得到 1 mol/kg 和 3 mol/kg 的混合电解液，记作 1mol/kg $NaClO_4$-H_2O-TMP 和 3mol/kg $NaClO_4$-H_2O-TMP。例如，首先将 1.1 g $NaClO_4$ 溶解在 0.5 g 去离子水中，然后用 2.5 g TMP 稀释，形成 3 mol/kg 混合电解液。此外，将一定质量的 $NaClO_4$ 溶解于 TMP 制得 1 mol/kg 有机电解液，记作 1 mol/kg $NaClO_4$-TMP。

2. 电化学测试

（1）电势窗口测试

① 在 0～2.4 V 的电压范围内，以 10 mV/s 的扫描速率对采用不同配方电解液（18 mol/kg $NaClO_4$-H_2O、1 mol/kg $NaClO_4$-H_2O-TMP、3 mol/kg $NaClO_4$-H_2O-TMP、1 mol/kg $NaClO_4$-TMP）组装的四组碳基超级电容器进行循环伏安测试。

② 在同一电压范围内，以 0.5 A/g 的电流密度对上述四组不同的碳基超级电容器进行恒电流充放电测试。

（2）倍率性能测试

① 在 0～2.4 V 的电压范围内，对以不同电解液（1 mol/kg $NaClO_4$-H_2O-TMP、3 mol/kg $NaClO_4$-H_2O-TMP、1 mol/kg $NaClO_4$-TMP）组装的三组碳基超级电容器进行不同倍率的恒电流充放电测试，电流密度从 0.5 A/g 逐步增加至 1 A/g、2 A/g、3 A/g、5 A/g、10 A/g。

② 在同一电压范围内，对上述三组碳基超级电容器进行不同扫描速率（10 mV/s、20 mV/s、50 mV/s、100 mV/s）的循环伏安测试。

（3）电化学阻抗谱测试

为探讨不同电解液倍率性能的差异，对以不同电解液（1 mol/kg $NaClO_4$-H_2O-TMP、3 mol/kg $NaClO_4$-H_2O-TMP、1 mol/kg $NaClO_4$-TMP）组装的三组碳基超级电容器进行电化学阻抗谱测试。

五、实验结果与讨论

1. 记录四组超级电容器（18 mol/kg $NaClO_4$-H_2O、1 mol/kg $NaClO_4$-H_2O-TMP、3 mol/kg $NaClO_4$-H_2O-TMP、1 mol/kg $NaClO_4$-TMP）在 0～2.4 V、10 mV/s 条件下的 CV 曲线并对比曲线形状；记录上述超级电容器在 0～2.4 V、0.5 A/g 条件下的 GCD 曲线，对比曲线形状并计算相应的库仑效率。

2. 记录三组超级电容器（1 mol/kg $NaClO_4$-H_2O-TMP、3 mol/kg $NaClO_4$-H_2O-TMP、1 mol/kg $NaClO_4$-TMP）在 0～2.4 V、0.5～10 A/g 条件下的 GCD 曲线并对比其电压降，同时计算各组相应的质量比容量；记录上述超级电容器在 0～2.4 V、10～100 mV/s 条件下的 CV 曲线，对比曲线形状和积分面积。

3. 记录三组超级电容器（1 mol/kg $NaClO_4$-H_2O-TMP、3 mol/kg $NaClO_4$-H_2O-TMP、1 mol/kg $NaClO_4$-TMP）在 100 kHz～10 mHz、5 mV 条件下的 Nyquist 曲线并对比其电转移阻抗。

六、思考题

1. 超级电容器的能量密度主要受哪些因素影响？
2. 为什么水系电解液电势窗口较窄（通常≤1.3 V)？
3. 如何提高水系电解液的电势窗口？

七、参考文献

[1] Song W，Fan L. Advances in supercapacitors：From electrodes materials to energy storage devices. Energy Storage Science and Technology，2016，5 (6)：788-799.

[2] Jiao C，Zhang W K，Su F Y，et al. Research progress on electrode materials and electrolytes for supercapacitors. New Carbon Materials，2017，32 (2)：106-115.

[3] Suo L，Borodin O，Gao T，et al. "Water-in-salt" electrolyte enables high-voltage aqueous lithiumion chemistries. Science，2015，350：938-943.

[4] Bu X D，Su L J，Dou Q Y，et al. A low-cost "water-in-salt" electrolyte for a 2.3 V high-rate carbon-based supercapacitor. Journal of Materials Chemistry A，2019，7 (13)：7541-7547.

实验 10

热交联的离子簇型阴离子交换膜的制备与性能研究

一、实验目的

1. 掌握阴离子交换膜燃料电池的工作原理。

2. 掌握阴离子交换膜主链聚合物的性能要求。

3. 学习并熟练使用核磁共振仪、傅里叶变换红外光谱仪、紫外-可见分光光度计对薄膜材料的结构进行表征和分析。

4. 掌握有关阴离子交换膜的重要参数的表征方法以及燃料电池的离子电导率的测试方法。

5. 熟练掌握相关软件的使用、数据处理及分析。

二、实验原理

人类的所有生产活动都需要能源，而伴随着全球经济的飞速发展以及人口数量的激增，人类对于能源的需求也日益增加。目前，化石燃料仍然为人类的主要能源，但是化石燃料的不可再生性和燃烧后引起的环境污染问题都引起了人们的关注。因此开发清洁、高效的新型能源技术是当下人们研究的热点问题。燃料电池（FC）作为一种通过电化学反应将燃料中储存的化学能转变为电能的高效清洁的新型能源转换装置，具有污染低、能比高、适用范围广等优势，被誉为是继水力发电、火力发电、核力发电之后的第四种发电技术，在当今能源短缺的时代背景下引起了大量的关注。

燃料电池内部设置有阴、阳两电极，两电极之间由固体或液体电解质隔开，燃料在工作时失去电子在阳极被氧化，电子通过外电路传递到阴极，阴极处的氧气接受电子而被还原，电解质则起到传递离子的作用，从而形成一个完整的电流回路。

聚合物电解质膜燃料电池（PEFC）是一种新兴的、以高分子量聚合物薄膜作为电解质的燃料电池。根据电解质的结构，可以分为阴离子交换膜燃料电池（AEMFC）和质子交换膜燃料电池（PEMFC）。PEMFC 的电解质为质子交换膜，目前商业化的膜材料主要为全氟磺酸膜，即 Nafion 系列膜。这种膜的主链由氟原子取代的脂肪链组成，传导质子的磺酸基团通过含氟侧链与主链相连。这种膜具有优异的抗腐蚀性、热稳定性以及高断裂伸长率，综合性能优异，在多个领域被广泛应用，PEMFC 也随之得到了一定的发展，但是要实现大规模商业化应用还面临着以下问题：①由于 PEMFC 的强酸性运行环境，必须使用贵金属 Pt 等作为催化剂，成本较高；②Pt 催化剂表面容易吸附燃料和氧气中混入的 CO 和 SO_2 而中毒，失去催化活性；③以 Nafion 膜为代表的质子交换膜材料造价高，并且在温度高、湿度低的环境下会出现电导率骤降的问题。相比于 PEMFC，AEMFC 的运行环境为碱性，不仅可以促进氧气还原反应动力学，还增大了催化剂材料的选择范围，银、铬、镍等非贵金属也可以作为催化剂。AEMFC 相比于 PEMFC 有诸多优势，具有更好的应用前景。

AEMFC 的结构如图 1 所示，由阴离子交换膜（AEM）、流场板、气体扩散层（GDL）和催化层（CL）组成。以 H_2 作燃料为例，在 AEMFC 运行时，向流场板道通入 O_2 和 H_2，O_2 经过气体扩散层，在阴极催化层发生还原反应生成 OH^-，OH^- 通过 AEM 传递到阳极和 H_2 反应生成 H_2O。

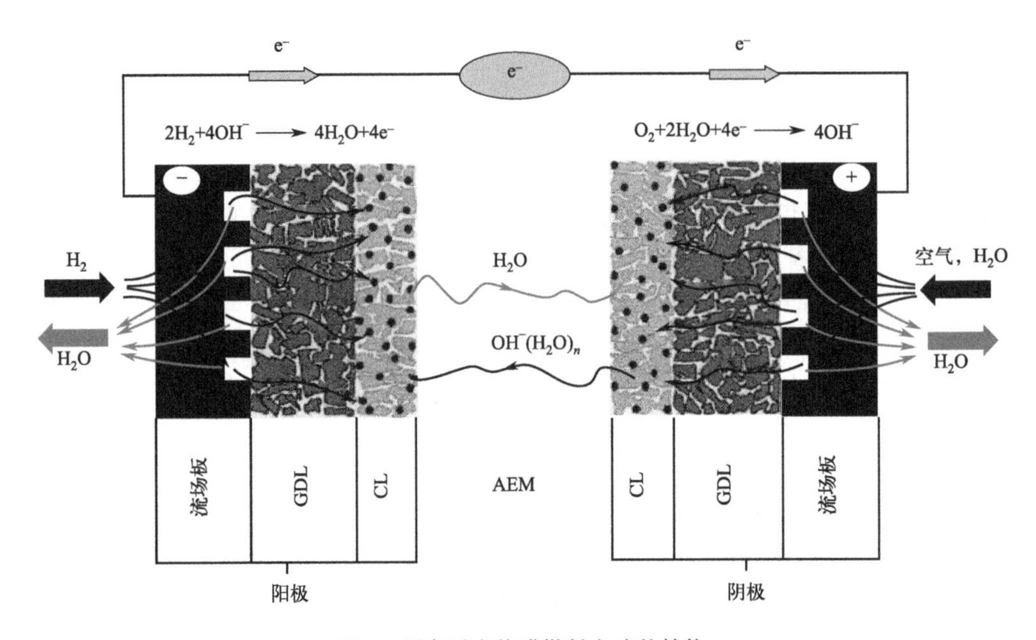

图 1 阴离子交换膜燃料电池的结构

反应过程中的电子通过可以导电的气体扩散层连接外电路，生成的水一部分从阳极传递到阴极，一部分通过阳极流场板排出。反应方程式如图 2 所示。

阴极：$O_2+2H_2O+4e^- \longrightarrow 4OH^-$

阳极：$2H_2+4OH^- \longrightarrow 4H_2O+4e^-$

总反应：$O_2+2H_2 \longrightarrow 2H_2O$

图 2 阴离子交换膜燃料电池的反应方程式

阴离子交换膜（AEM）对离子具有选择透过性，主要作用是将氧气和水反应产生的 OH^- 从阴极传递到阳极与燃料进行反应，以及隔绝阴阳两极，是阴离子交换膜燃料电池的核心部件之一。一般情况下，阴离子交换膜由疏水的聚合物主链、亲水的阳离子基团及可以自由活动的 OH^- 组成。

聚合物主链决定了阴离子交换膜的机械强度、碱性稳定性和热稳定性等性能，因此要求聚合物主链应该具有良好的机械性能、较高的热稳定性和碱性稳定性，还要易于成膜以及主链结构上要有便于化学改性接枝的位点。常用来制备阴离子交换膜的聚合物主链材料主要包括聚乙烯类、聚醚砜类、聚芳醚酮类、聚苯醚类等，其结构如图 3 所示。

阳离子基团对 AEM 的离子交换容量（IEC）和离子传导率（σ）有重大影响。在阴离

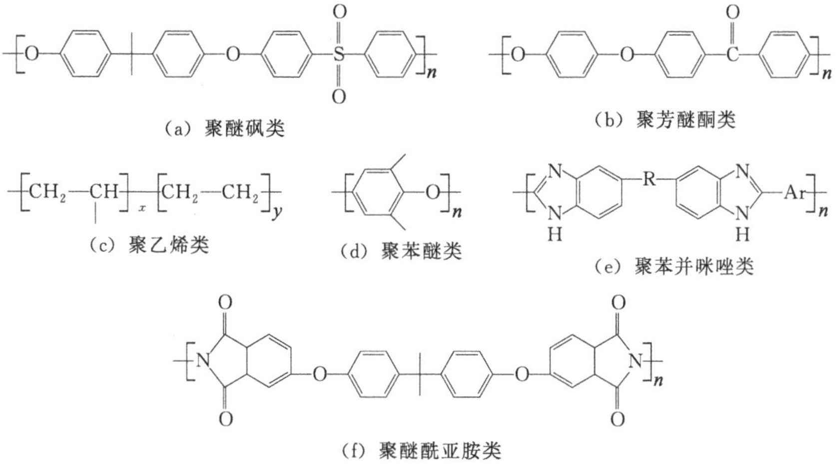

(a) 聚醚砜类 (b) 聚芳醚酮类 (c) 聚乙烯类 (d) 聚苯醚类 (e) 聚苯并咪唑类 (f) 聚醚酰亚胺类

图 3 阴离子交换膜的主链结构

子交换膜中，常用的功能化阳离子基团，从最开始单一的季铵基团，发展到现在的季鏻盐、咪唑盐、吡啶盐、胍盐等，如图 4 所示。

(a) 三甲胺类 (b) 季鏻类 (c) 锍鎓类 (d) 咪唑类 (e) 胍基类 (f) 吡啶类 (g) 三乙烯二胺(DABCO)类

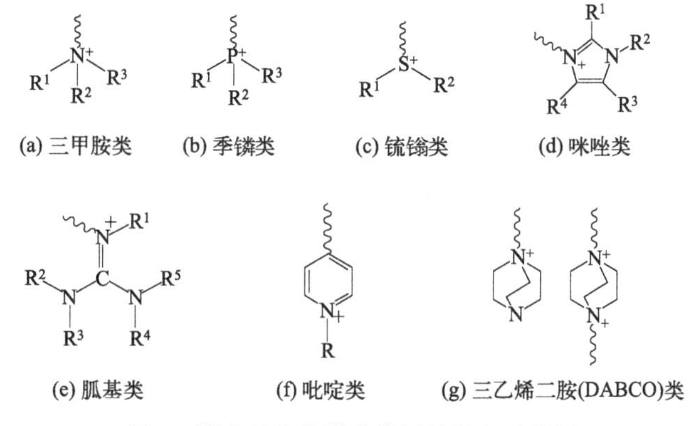

图 4 阴离子交换膜中常用的阳离子基团

理想条件下，AEM 的性能应该满足：①AEM 需具备较高的离子电导率；②具有良好的碱性稳定性和热稳定性；③机械性能足够好，能够保证膜电极组件的制备以及电池的运行；④合成方法简便，成本较低，适合大规模生产。但是，目前的 AEM 仍存在离子电导率不够高、碱性稳定性和尺寸稳定性不够好的问题。因此，本实验以氯甲基甲醚为氯甲基化试剂，合成氯甲基化率为 150％的氯甲基化聚芳醚砜（CMPES150），再在侧链上引入芳醚结构合成侧链型氯甲基化聚芳醚砜（PES-CM150），然后依次加入双季铵盐阳离子和 *N*,*N*,*N*′,*N*′-四甲基-1,6-己二胺，合成了具有热交联的离子簇型阴离子交换膜 cQPES150-bisQA100-HD50。它在保持高效的离子传导率的同时，具有优异的尺寸稳定性和碱性稳定性等特点。

三、实验原料与设备

1. 实验原料

N,*N*-二甲基甲酰胺（DMF）（A. R.），无水碳酸钾（K_2CO_3）（A. R.），聚芳醚砜（PES）（99％），4-羟基苯甲醇（4-HA）（A. R.），四氢呋喃（THF）（A. R.），四丁基溴

化铵（TBAB）（A.R.），氯甲基甲醚（CMME）（A.R.），1-甲基-2-吡咯烷酮（NMP）（A.R.），三氯甲烷（$CHCl_3$）（A.R.），甲醇（A.R.），无水氯化锌（$ZnCl_2$）（A.R.），无水乙醇（A.R.），1-溴代正己烷（A.R.），乙醚（A.R.），*N*,*N*,*N'*,*N'*-四甲基-1,6-乙二胺（TMHDA）（A.R.），盐酸（HCl）（0.025mol/L），二甲基亚砜（DMSO）（A.R.），氢氧化钠（NaOH）（1mol/L，0.01mol/L），去离子水等。

2. 实验设备

核磁共振（NMR）仪（1台），电子天平（1台），傅里叶变换红外光谱（FTIR）仪（1台），数显磁力搅拌器（1台），电化学阻抗仪（1台），真空干燥箱（1台）等。

四、实验步骤

1. CMPES150的合成

取5.00 g PES、100 mL $CHCl_3$ 置于250 mL三口烧瓶中，搅拌使其完全溶解，然后依次加入3.08 g无水 $ZnCl_2$ 和6.3 mL CMME，在 N_2 气氛中于60℃油浴锅中搅拌反应24 h。反应结束后，将产物放入甲醇中沉淀、抽滤，收集沉淀产物，置于40℃真空干燥箱中干燥24 h。将得到的粗产物溶解于THF，在去离子水中重新沉淀、抽滤，收集沉淀物，放入40℃真空干燥箱中干燥24 h，得到纯净的白色絮状聚合物（CMPES150）。

2. PES-HBA150的合成

取1.00 g CMPES150、30 mL DMF置于250 mL三口烧瓶中，搅拌使其完全溶解，然后依次加入1.45 g 4-HA、0.81 g K_2CO_3、1.89 g TBAB，置于40℃油浴锅中搅拌反应3.5 h。反应结束后，将产物放入去离子水中沉淀、抽滤，收集沉淀产物，置于40℃真空干燥箱中干燥24 h，得到纯净的白色絮状聚合物（PES-HBA150）。

3. PES-CM150的合成

取1.00 g PES-HBA150、30 mL DMF置于100 mL圆底烧瓶中，搅拌至完全溶解，之后加入1 mL DMSO在冰水浴中反应50 min。反应结束后，将产物在甲醇中沉淀、抽滤，收集沉淀物，置于40℃真空干燥箱干燥24 h，得到侧链型氯甲基化聚芳醚砜（PES-CM150）。

4. 双季铵盐阳离子（bisQA）前体物的合成

在1000 mL圆底烧瓶中加入300 mL无水乙醇，然后依次加入25 mL TMHDA和2.5 mL 1-溴代正己烷，在60℃下搅拌反应12 h，之后于40℃下旋转蒸发除去乙醇，再将混合物倒入分液漏斗，用乙醚反复萃取，收集下层液体，旋转蒸发除乙醚，得到黄色黏稠液体，即双季铵盐阳离子（bisQA）前体物。

5. cQPES150-bisQA100-HD50阴离子交换膜的制备

取0.37 g PSF-CM150、5.5 mL NMP置于250 mL圆底烧瓶中，搅拌至完全溶解，

然后加入 0.67 mL 双季铵盐阳离子（bisQA）前体物，在 0℃下反应 5.5 h，得到 QPES-CM150-bisQA150。之后加入 0.0237 g TMHDA，接着在 0℃下反应 0.5 h 后，将聚合物溶液过滤后，静置除气泡，流延成膜。将该膜在 N_2 保护下于 60℃加热 12 h 除溶剂，之后在 1 mol/L NaOH 溶液中浸泡 48 h，即得到热交联的离子簇型阴离子交换膜（记为 cQPES150-bisQA100-HD50）。将膜取出后用蒸馏水冲洗多次后，浸泡于蒸馏水中，将表面上的碱液去除干净，取出备用。该反应方程式如图 5 所示。

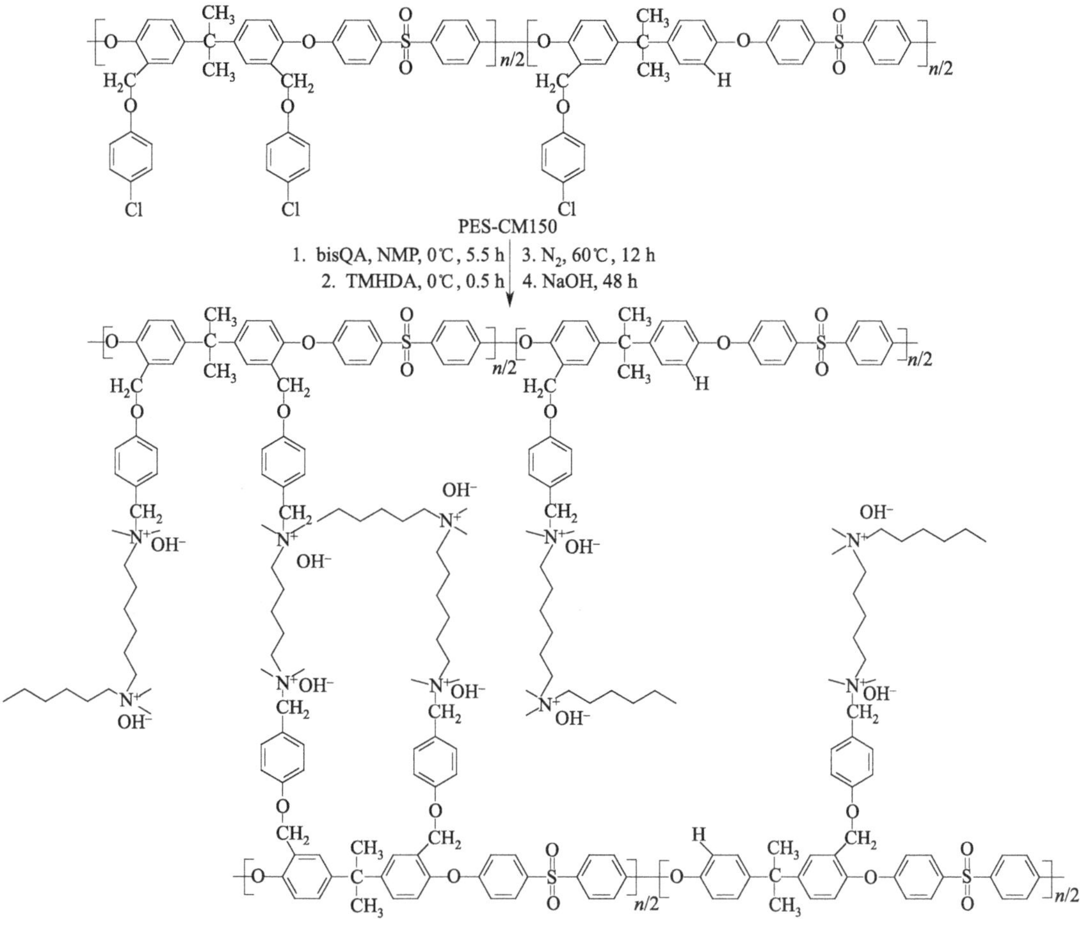

图 5 cQPES150-bisQA100-HD50 的制备

6. 表征及测试方法

（1）核磁共振测试

聚合产物的 ^{1}H-NMR 谱图以四甲基硅烷（TMS）作为内标，以氘代氯仿或氘代二甲基亚砜为溶剂。

（2）红外光谱（FTIR）测试

粉末样品采用 KBr 压片法处理，聚合物样品采用薄膜法处理。扫描范围为 4000～500 cm^{-1}，分辨率为 8 cm^{-1}，扫描 32 次。

(3) 凝胶分数的测定

将 AEM 充分干燥后称重，记为 M_0。将膜浸泡于 NMP 中，在 80℃下搅拌 24 h，取出后擦干表面溶剂，在真空烘箱中干燥 24 h，将干燥后的膜称重，记为 M_1。AEM 的凝胶分数（%）通过式(1) 计算获得。

$$凝胶分数=\frac{M_1}{M_0} \tag{1}$$

(4) 离子交换容量（IEC）的测定

IEC 值的测定采用返滴定法，将 AEM 膜裁剪为 1 cm×2 cm 尺寸大小，质量记为 m。将其浸泡于 0.025 mol/L HCl 溶液（V_1）中 48 h。以酚酞作指示剂，用 0.01 mol/L NaOH 溶液滴定未反应完全的 H^+，精准记下所用 NaOH 溶液的体积 V_2。IEC 按照式(2) 计算获得。

$$IEC=\frac{C_1\times V_1-C_2\times V_2}{m} \tag{2}$$

式中，m 为膜的干重，g；C_1 为 HCl 溶液的浓度，mol/L；C_2 为 NaOH 溶液的浓度，mol/L；V_1 为 HCl 溶液体积，L；V_2 为 NaOH 溶液体积，L。

(5) 吸水率和溶胀率的测定

将 AEM 膜裁剪为 1 cm×2 cm 大小，质量记为 W_1，测量膜的长度记为 L_1，将膜分别在温度为 20℃、40℃、60℃和 80℃的去离子水中浸泡 48 h 后，用滤纸将膜表面的水分擦干，测量质量及长度。将吸水后的膜的质量记为 W_2，长度记为 L_2。吸水率（WU,%）和溶胀率（SR,%）分别按照式(3) 和式(4) 计算获得。

$$WU=\frac{W_2-W_1}{W_1} \tag{3}$$

$$SR=\frac{L_2-L_1}{L_1} \tag{4}$$

(6) 离子传导率（σ）的测定

离子传导率采用两级法电化学阻抗技术测得。测试前需在室温下，将膜在去离子水中浸泡 24 h，使其充分吸水，测试时用两块聚四氟乙烯板将膜固定，使膜与两根铂电极充分接触，设置交流阻抗频率范围为 0.1～1000 Hz，分别测定膜在 20℃、40℃、60℃、80℃的电阻 R。铂电极间的有效距离 L 为 1.5 cm，聚四氟乙烯板的有效面积记为 A，膜的离子传导率按式(5) 计算。

$$\sigma=\frac{L}{A\times R} \tag{5}$$

五、实验结果与讨论

1. 阴离子交换膜的外观：______________；凝胶分数：______________；离子交换容量：____________；吸水率：______________；溶胀率：____________；离子传导率：____________。

2. 绘制 AEM 的核磁共振氢谱和红外光谱图，分析其化学结构，绘制其交联过程的结构变化图。

3. 记录 AEM 的凝胶分数，判断其交联程度。

4. 比较 IEC 的理论值和实际值，判断 OH^- 与 Cl^- 的置换反应是否彻底、反应是否完全。

5. 绘制 AEM 的吸水率和溶胀率随温度的变化趋势图，评价膜的尺寸稳定性。

6. 绘制 AEM 的离子传导率随温度的变化趋势图，评价其电池性能的优劣。

六、思考题

1. 燃料电池的工作原理是什么?

2. 阴离子交换膜燃料电池的结构与组成成分是什么?

3. 阴离子交换膜应该要具备哪些性能特点?

七、参考文献

[1] You W，Noonan K J T，Coates G W. Alkaline-stable Anion exchange membranes：A review of synthetic approaches. Progress in Polymer Science，2020，100：101177.

[2] Chandan A，Hattenberger M，El-kharouf A，et al. High temperature（HT）polymer electrolyte membrane fuel cells (PEMFC)-A review. Journal of Power Sources，2013，231：264-278.

[3] Dekel D R. Review of cell performance in anion exchange membrane fuel cells. Journal of Power Sources，2018，375：158-169.

[4] Merle G，Wessling M，Nijmeijer K. Anion exchange membranes for alkaline fuel cells：A review. Journal of Membrane Science，2011，377 (1/2)：1-35.

[5] Zhang F，He X H，Cheng C W，et al. Bis-imidazolium functionalized self-crosslinking block polynorbornene anion exchange membrane. International Journal of Hydrogen Energy，2020，45 (23)：13090-13100.

实验 11

微量水对有机电解液电化学性能的影响及其在储能器件的应用

一、实验目的

1. 理解有机电解液在超级电容器中的作用及其重要性。

2. 研究微量水对电解液电势窗口的具体影响。

3. 评价微量水对电解液性质的综合效应（离子传输、电荷转移效率及电解液的整体性能）。

4. 思考如何利用微量水的正面效应来优化储能器件（能量密度、倍率性能、安全性）。

5. 掌握相关软件的使用和数据处理及分析等。

二、实验原理

超级电容器（SC）是一种高性能的电容器，能够以非常高的功率密度和能量密度储存和释放能量。相较于传统的电池，超级电容器具备快速充放电、循环寿命长、低温环境下优异的放电性能、高效转化等特点，而且不会对环境造成过多的污染。毫无疑问，超级电容器在找准适宜的发展领域后将会展现出巨大的发展潜力。如图 1 所示，根据市场调研在线发布的中国超级电容器行业市场供需态势及投资发展研究报告分析，在中国境内，超级电容器行业市场规模一直呈现出逐年增长的趋势。

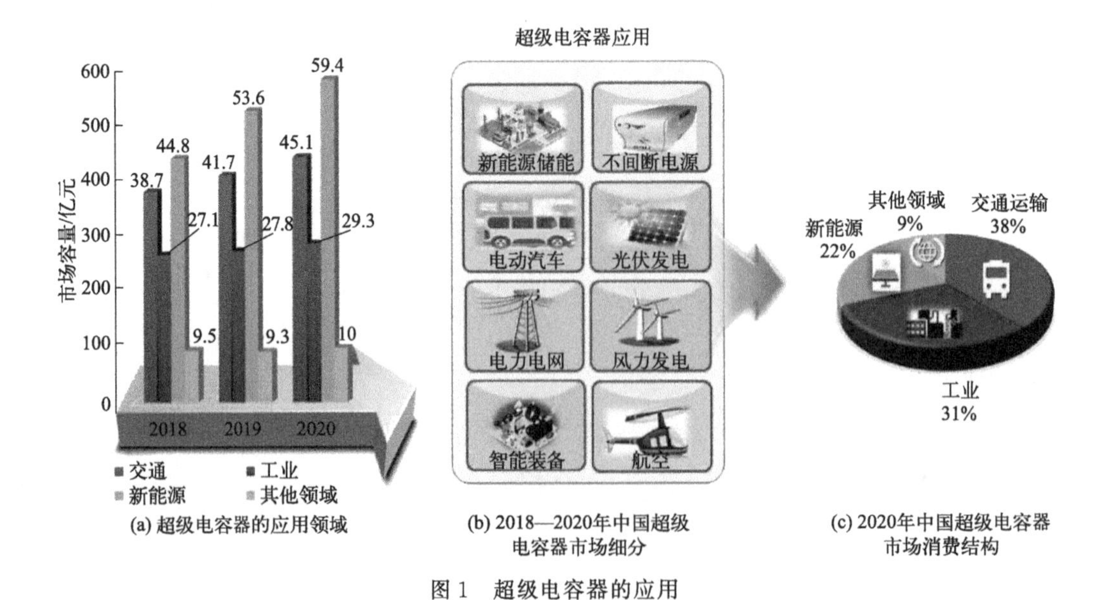

(a) 超级电容器的应用领域

(b) 2018—2020年中国超级电容器市场细分

(c) 2020年中国超级电容器市场消费结构

图 1　超级电容器的应用

超级电容器的电极材料通常采用的是高比表面积的多孔材料，例如活性炭、氧化铝等。这种电容器通过离子在电极材料表面的吸附和脱附来储存电能，称为电化学双电层电容器（EDLC）。不同于电池，超级电容器不是利用化学反应储存电能的，而是将电能以物理形式通过电场的变化存储在双层电容器中的。尽管 EDLC 具有许多优势，但它仍面临一些挑战。首先，EDLC 的能量密度相对较低，无法与锂离子电池等高能量密度储能设备相媲美，这限制了其在某些应用领域的应用。其次，EDLC 的电极材料成本较高，制造复杂度大，这也限制了其生产和商业化的规模。另外，EDLC 在高温和高压下也容易发生热失控和出现安全问题，这是目前 EDLC 面临的主要挑战之一。为了解决上述问题，研究人员正在尝试探索新的电极材料和设计方法，并研发新的生产工艺，以提高 EDLC 的稳定性和安全性。

电解液（SC）作为超级电容器的关键成分，在电化学性能以及决定整个设备的成本和安全性方面发挥着主导作用。水系电解液通常表现出更高的比电容，特别是对于赝电容材料，这归因于水系电解液的本能特征，如更小尺寸的离子、更高的离子电导率和更低的电阻。此外，水系电解液的环境友好性和低成本的优点有利于大规模生产。然而，水系电解液的电势窗口被限制在一个狭窄的范围内。热力学上，水系电解液的电化学稳定性窗口（ESW）为 1.23 V，这是由水分解引起的。在水溶剂的电解过程中，电极-电解液界面将发生氢气/氧气的析出以及水系电解液 pH 值的变化。这些现象会严重损害电极-电解液界面的稳定性和 SC 的电化学性能。因此，为了在不牺牲循环寿命和功率密度的情况下增强水系 SC 的电势窗口，必须通过优化电极/电解液材料来引入对电解液的动力学效应和其他相关机制的调节。在最近的研究中，许多具有优异电化学性能的水系 SC 不仅可以将电势窗口推到 1.23 V 的理论分解水电势窗口上，而且可以实现超过 2.0 V 的超高压窗口，这意味着它们在未来电化学储能设备市场中具有巨大潜力。

目前有机 SC 在商业市场上处于领先地位，它可以提供稳定的宽电势窗口（2.5～3.0 V），但具有低离子电导率、易燃性和毒性的特性。有机电解液是一种特殊的电解质溶液，它具有多重特点：首先，它的分解电压比较高，意味着在高电压下仍然能够维持极好的稳定性；其次，它有着更高的能量密度，这也是超级电容器获得更高能量储存的关键；最后，相对于水系电解液，有机电解液对电极的腐蚀性较小，更适合用于电容器中。这种电解液的优势在于可以使超级电容器在更高的电压下工作，这意味着储存的能量（与施加电压的平方成正比）远高于水系电解液。有机电解液是超级电容器的首选电解液，因为它满足超级电容器高能量、高功率、高循环寿命等方面的需要。由于其优势明显，有机电解液已经成为目前超级电容器领域的主流方向之一。应用最多的有机电解液是浓度从 0.5 mol/L 到 1.0 mol/L 的 Et_4NBF_4/PC 溶液。最常用的有机溶剂是碳酸丙烯酯（PC）、γ-丁内酯（GBL）、*N*,*N*-二甲基甲酰胺（DMF）、碳酸乙烯酯（EC）、环丁砜（SL）、3-甲基环丁砜（3-MeSL）、腈类及其衍生物。在有机电解液的制备过程中，水的存在对电解液的电化学性能有很大影响，而去除有机溶剂中的微量水大大提高了电解液的制备成本。此外高纯度的有机溶剂通常具有强挥发性和易燃性，这引发人们对超级电容器安全性的担忧。因此研究水含量对有机电解液电化学性能的影响具有重要意义，同时有助于开发新型水-有机复合电解液，从而提高超级电容器的性能并降低其制备成本。

水浓度对 EDLC 有机电解液的影响是一种新颖的研究方向，该方向的研究意义在于通过调节水浓度以改善有机电解液的化学性质和电化学性能，从而提高电容器的性能。近年来，这个领域的研究成果不断涌现。研究表明水分子能够促进电极表面的离子吸附，从而增加电极材料与电解液之间的界面面积。同时，适量的水浓度可以提高电解液的导电性能和离子迁移率，这有助于提高电容器的电容性能和电荷传输速度。然而，由于水分子的极性和非离子化特性，如果水浓度过高，会影响电极材料表面的双电层结构，电容器的性能下降。另外，水会在电容器内部形成氧化还原反应，从而产生其他的化学反应，导致电容器的寿命下降。因此，对于电容器工业化应用而言，必须找到合适的水浓度范围来最大限度地利用水浓度对电容器性能进行优化。总体来说，水浓度对 EDLC 有机电解液的影响是一个富有前景的研究领域，为优化电容器性能提供了新的思路，未来需进一步深入探究其内在机制，以推动电容器科技的发展。

基于上述背景，本实验拟通过以不同含量去离子（DI）水和磷酸三甲酯（TMP）为溶剂、三氟甲磺酸钾（KOTf）为盐溶质自配电解液组装碳基 EDLC 进行电化学测试。通过不同水含量的电解质溶液实验探讨和评价微量水对电解液的离子传输、电荷转移效率及电解液的整体性能（包括比容量、循环稳定性、内阻、倍率性能和充放电能力）的影响，以及这些影响背后的电化学原理，引导学生思考如何利用微量水的正面效应来优化储能器件，如提高超级电容器的能量密度、倍率性能，以及安全性。

三、实验原料与设备

1. 实验原料

磷酸三甲酯（TMP）（A. R.），三氟甲磺酸钾（KOTf）（A. R.），活性炭，去离子（DI）水等。

2. 实验设备

电子分析天平（1 台），电池极片压片机（1 台），手动切片机（1 台），多通道电化学工作站（1 套），电动对辊机（1 台），真空干燥箱（1 台），手套箱（1 台）等。

四、实验步骤

1. 电解液的制备

电解液配制方案如表 1 所示。

表 1　电解液配制表

电解液	KOTf/g	TMP/g	DI/g
1mol/kg① KOTf-TMP-5%② DI	0.378	1.900	0.100
1mol/kg KOTf-TMP-10%DI	0.378	1.800	0.200
1mol/kg KOTf-TMP-15%DI	0.378	1.700	0.300

① 1mol/kg 表示每千克溶剂中溶解的 KOTf 的物质的量为 1mol。

② 5%表示 DI 在溶剂中的占比为 5%。

2. 电容器的组装

在制作ELDC时，需要准备电池壳、电解液和电极等材料。选取活性炭作为EDLC的电极材料。将活性炭切成圆片，压入钛网制成电极片。根据实验步骤1配制好电解液。将电解液注入电池壳中，在壳内侧放入0.5 mm垫片。将制备好的电极片放入电池壳中，不同的电极片用隔膜隔开，确保电极间不会短路。同样，在电极和电池壳之间用钛片隔开。将电容器的两端进行密封，以确保电解液不泄漏。

3. 电化学性能测试

（1）电化学稳定性窗口评价

按照表1制作电解液，以1 mol/kg KOTf-DI溶液作为对照样。在三电极体系中，采用线性扫描伏安（LSV）法对混合电解质的电势窗口进行评价。在测量中，分别使用铂片（5 mm×5 mm）、氯化银电极（Ag/AgCl）和铂片（10 mm×10 mm）作为工作电极、参比电极和对电极。扫描速率为0.5 mV/s，电压范围为−2～2 V。

（2）恒电流充放电（GCD）测试

为了检验KOTf-TMP-DI型EDLC的GCD行为，在一定的电压区间内，以0.5 A/g电流密度对四组以不同配方电解液组装的EDLC进行恒电流充放电测试。其中，1 mol/kg KOTf-TMP-5%DI的测试区间为0～2.0 V、0～2.2 V、0～2.4 V、0～2.6 V、0～2.8 V；1 mol/kg KOTf-TMP-10%DI的测试区间为0～2.0 V、0～2.2 V、0～2.4 V、0～2.6 V；1 mol/kg KOTf-TMP-15%DI的测试区间为0～2.0 V、0～2.2 V、0～2.4 V、0～2.6 V；1 mol/kg KOTf-DI的测试区间为0～1.8 V、0～2.0 V、0～2.2 V。

（3）循环伏安（CV）测试

在一定的电压区间内，以10 mV/s的扫描速率对上述四组EDLC进行循环伏安测试。其中，1 mol/kg KOTf-TMP-5%DI的扫描区间为0～2.0 V、0～2.2 V、0～2.4 V、0～2.6 V、0～2.8 V；1 mol/kg KOTf-TMP-10%DI的扫描区间为0～2.0 V、0～2.2 V、0～2.4 V、0～2.6 V；1 mol/kg KOTf-TMP-15%DI的扫描区间为0～2.0 V、0～2.2 V、0～2.4 V、0～2.6 V；1 mol/kg KOTf-DI的扫描区间为0～1.8 V、0～2.0 V、0～2.2 V。

（4）电化学阻抗谱（EIS）测试

在0.01～10^5 Hz的频率范围内对三组KOTf-TMP-DI型EDLC进行EIS测试，评估电解液的电转移阻抗和弛豫时间等性能参数。

（5）倍率性能与容量保持率

为验证KOTf-TMP-DI型EDLC的倍率性能，首先，在2.4 V的电势窗口下（1 mol/kg KOTf-15%DI在2.4 V不稳定，所以使用2.2 V）对上述三组EDLC进行不同扫描速率（1 mV/s、20 mV/s、50 mV/s、100 mV/s、200 mV/s）的循环伏安测试。然后，在同样的电势窗口下，在1 A/g、2 A/g、3 A/g、5 A/g、10 A/g、15 A/g、20 A/g的电流密度下进行恒电流充放电测试。

五、实验结果与讨论

1. 记录四组电解液（1 mol/kg KOTf-TMP-5%DI、1 mol/kg KOTf-TMP-10%DI、

1 mol/kg KOTf-TMP-15%DI、1 mol/kg KOTf-DI）在三电极体系下测得的 LSV 曲线和对应析氢和析氧电势的区域放大图，分析各自的电化学稳定性窗口。

2. 记录四组 EDLC（1 mol/kg KOTf-TMP-5%DI、1 mol/kg KOTf-TMP-10%DI、1 mol/kg KOTf-TMP-15%DI、1 mol/kg KOTf-DI）在 0.5 A/g 电流密度下的 GCD 曲线，比较曲线形状并计算相应的库仑效率。

3. 记录上述四组 EDLC 在 10 mV/s 下的 CV 曲线，比较曲线形状。

4. 记录三组 KOTf-TMP-DI 型 EDLC 的 Nyquist 曲线，计算相应的虚比容量，并绘制比容量-频率曲线。

5. 记录上述三组 EDLC 在不同扫描速率（1 mV/s、20 mV/s、50 mV/s、100 mV/s、200 mV/s）下的 CV 曲线和不同电流密度（1 A/g、2 A/g、3 A/g、5 A/g、10 A/g、15 A/g、20 A/g）下的 GCD 曲线，并计算对应的比容量。

六、思考题

1. 描述并解释实验中观察到的微量水对有机电解液电化学性能（如电化学稳定窗口、比容量和循环稳定性）的具体影响。

2. 分析微量水如何影响有机电解液的电势窗口。

3. 考虑到电势窗口对储能器件性能的重要性，讨论微量水存在对离子传输和电荷转移过程可能的影响机制。

七、参考文献

[1] Yang Y，Han Y，Jiang W，et al. Application of the supercapacitor for energy storage in China：Role and strategy. Applied Sciences，2022，12（1）：354.

[2] Raza W，Ali F，Raza N，et al. Recent advancements in supercapacitor technology. Nano Energy，2018，52：441-473.

[3] Laheäär A，Przygocki P，Abbas Q，et al. Appropriate methods for evaluating the efficiency and capacitive behavior of different types of supercapacitors. Electrochemistry Communications，2015，60：21-25.

实验 12

电解液溶剂化结构及其对金属锌负极稳定性影响的研究

一、实验目的

1. 了解锌离子电池的基本组成和工作原理。

2. 巩固练习扫描电子显微镜和拉曼光谱等结构表征技术。

3. 学习利用循环伏安法和恒电流充放电技术评价不同电解液对水系锌离子电池性能的影响。

4. 掌握相关软件的使用和数据处理及分析等。

二、实验原理

锌离子电池是以金属锌作为负极的可充电电池，是一种新型的新能源电化学储能器件。金属锌具有较高的自然丰度，在自然界中金属锌的含量仅次于铁、铝、铜三种金属元素，故金属锌的价格相较于金属锂而言更加低，并且金属锌本身无毒无害，在新能源电化学储能器件的大规模生产和使用以及环境保护方面具有独特优势。与传统的锂离子电池相比，锌离子电池在电解液的选择上也有所不同，传统的锂离子电池选择有机溶剂作为电解液，锌离子电池则选择以水溶液作为电解液。与有机电解液相比，水系电解液对环境造成的污染更小，在电池回收的过程中也更加安全和方便。并且水系电解液与其他电解液相比，其离子电导率要超出数十倍甚至数百倍，这意味着水系电解液能够为锌离子电池提供更快的传输速率、更高的功率密度和更低的欧姆极化。根据电解液的 pH 值，水系锌离子电池通常可以分为碱性锌离子电池、中性锌离子电池和弱酸性锌离子电池三种。与碱性锌离子电池相比，中性和弱酸性锌离子电池具有消除钝化、抑制负极表面枝晶的生长等优点，并且用中性或者弱酸性电解液代替碱性电解液通常能够使锌离子电池表现出更高的循环稳定性。锌离子电池选择水系电解液，使得锌离子电池更不容易发生自燃自爆事故，具有更高的安全性。同时，由于金属锌在水和空气环境中的稳定性高，所以锌离子电池不需要在特殊氛围的手套箱中进行电池的组装，这极大地简化了锌离子电池的制作过程，节约了制作成本。故水系锌离子电池在新型电化学储能器件行业的发展中占有十分重要的地位。

锌离子电池主要由正极材料、负极材料、电解液和隔膜四部分组成。锌离子电池的正极材料目前主要有锰基氧化物、钒基氧化物和普鲁士蓝类似物等。因为金属锌的自然丰度高、安全性好和对环境污染小，且具有理论容量高、氧化还原电位低和化学性质稳定的电化学性能，所以负极材料以高纯度金属锌片或锌箔为主。在锌离子电池中，电解液是保证锌离子电池能够进行有效工作的重要组成部分，对锌离子电池的电化学性能具有非常重要的影响。因为锌离子电池的氧化还原电位较低，通常选择锌基水系电解液作为电解液，包括硫酸锌（$ZnSO_4$）、氯化锌（$ZnCl_2$）等。并且，在锌离子电池的电解液中往往加入与正极材料具有相同元素的盐类物质，这样能够在锌离子电池的充放电过程中及时补充溶解的正极材料。锌离子电池的隔膜一般包括玻璃纤维隔膜和高分子聚合物凝胶隔膜等，其主要作用一方面是作为离子交换膜保证在电池充放电过程中仅允许锌离子传输而阻隔电子，另一方面是作为隔膜隔绝正、负极，避免二者直接接触锌离子导致电池发生短路，如图 1 所示。

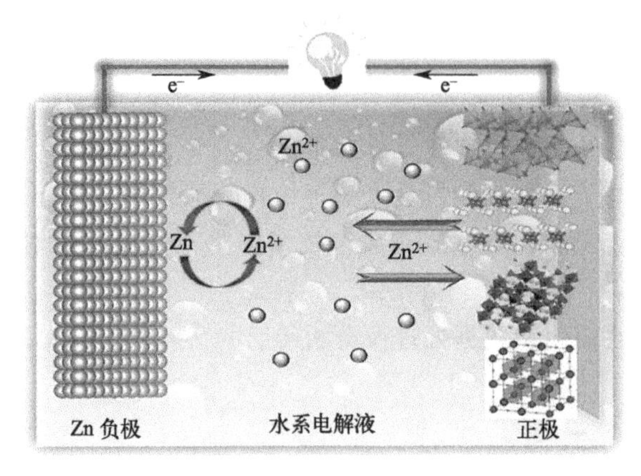

图 1 锌离子电池的电荷储存机制

锌离子电池在充放电的过程中，Zn^{2+} 在正、负极之间来回穿梭。放电时，负极材料金属锌失去两个电子变成 Zn^{2+} 并溶入电解液中，然后 Zn^{2+} 穿过隔膜到达正极附近，由于 Zn^{2+} 拥有较小的离子半径，所以 Zn^{2+} 能够嵌入正极材料的晶格之中，与此同时，锌失去的电子通过外电路从电池的负极向电池的正极移动，如此，锌离子电池就经历了一次放电的过程。充电时，以外接电源的方式将电源的正极与锌离子电池的负极相连接，电源的负极与锌离子电池的正极相连接，然后 Zn^{2+} 从正极材料的晶格中脱出，再穿过隔膜回到金属锌负极的周围，最后 Zn^{2+} 得到电子变成锌单质并沉积到金属锌负极上，从而完成一次充电过程。锌离子电池正极材料的电荷储能机制与传统的锂离子电池和钠离子电池正极材料的储能机制不同，其储能机制更加复杂且仍然存在较大的争议。当前，锌离子电池正极材料的电荷储存机制主要包括：①Zn^{2+} 嵌入和脱出机制；②H^+ 和 Zn^{2+} 共插入机制；③转化反应机制；④杂化反应机制；⑤离子配位反应机制。

由于锌离子电池的高安全性和高能量密度，学者们一直对锌离子电池的发展保持关注，锌离子电池也被学者们认为是下一代新能源电化学储能系统中最有发展前景的器件之一。在锌离子电池中，负极材料一般选择高纯度金属锌片或锌箔，但是金属锌负极存在一定的缺陷，其枝晶生长不受控制且相关机制比较复杂，并且与电解液发生的相关副反应导致金属锌作为锌离子电池的负极材料循环寿命差、库仑效率低，阻碍了锌离子电池的实际应用和进一步发展。

不论是在碱性电解液，还是中性和弱酸性电解液中，锌枝晶的生长都是水系锌离子电池最常见的问题，这主要是由 Zn 的沉积依赖于金属锌负极表面的电场强度和电解液中的离子浓度变化造成的。在碱性的电解液中，放电时锌失去电子与电解液中的 OH^- 形成

$Zn(OH)_4^{2-}$基团，充电时$Zn(OH)_4^{2-}$被还原使得Zn在电极表面沉积。电极表面的$Zn(OH)_4^{2-}$与电解液中的$Zn(OH)_4^{2-}$浓度相差较大，$Zn(OH)_4^{2-}$的分布不均使得Zn倾向于在$Zn(OH)_4^{2-}$浓度较高的位置区成核，且成核处表面能更低，导致Zn会进一步在这些位置沉积，引起尖端效应，加速锌枝晶的生长。在中性和弱酸性电解液中，金属锌负极表面的电场分布不均和Zn^{2+}在电极表面不受约束的2D扩散运动是锌枝晶过度生长的重要原因。由于Zn^{2+}与H_2O分子的强相互作用，金属锌容易发生自腐蚀，因此其表面严重凹凸不平。水分子分解析出的H_2在阻碍锌沉积的同时，多孔锌的形成也促进了H_2的析出，加剧了金属锌表面的不规则性。

影响金属锌负极稳定性的因素不仅仅是锌枝晶的生成，相关副反应的发生也是影响金属锌负极稳定性的一大问题。腐蚀反应是金属锌负极常见的副反应之一，能够使金属锌负极发生溶解，导致锌离子电池的库仑效率和循环稳定性下降。电解液中金属锌的腐蚀包括化学腐蚀和电化学腐蚀，金属锌与周围的电解液发生化学和电化学反应，使金属锌被氧化失去电子，从而由单质锌转化为含锌化合物。其中，金属锌在碱性电解液中电化学活性较高，容易与电解液发生化学反应而分解，故金属锌在碱性电解液中以化学腐蚀为主。而在中性和弱酸性电解液中，电化学腐蚀对金属锌负极的影响更大。在锌离子电池的充放电循环过程中，金属锌负极在电解液中溶解并生成相应的副产物，产生了不可逆的材料消耗。

金属锌在与电解液发生化学和电化学反应的过程中伴随产生的析氢反应是锌离子电池不能避免发生的副反应。析氢反应在电池的充放电循环过程中影响着锌离子的剥离/电镀效率，导致电池的库仑效率降低。在中性和弱酸性电解液中，金属锌与少量的H^+反应生成氢气；在碱性电解液中，金属锌与丰富的OH^-反应生成氢气。一方面，随着反应析出氢气的累积，在密闭的锌离子电池系统中会增加电池内部的压力，从而发生内部溶胀造成电池损坏。另一方面，反应析出的氢气容易造成电解液中OH^-浓度的局部增加从而导致电解液局部pH的升高，进而引发金属锌负极在电极表面生成$Zn(OH)_2$，降低金属锌负极表面的有效活性面积，阻碍金属锌负极表面Zn^{2+}的传输，造成金属锌负极的极化升高和容量下降，影响锌离子电池的循环稳定性。并且，$Zn(OH)_2$的生成可能导致金属锌负极的表面粗糙度增加、电极极化变大，进一步引发锌枝晶的生成，严重影响锌离子电池的安全性和循环稳定性。

锌离子电池的电解液一般选择水系金属盐溶液，由于水系金属盐溶液以水为溶剂，所以与传统的有机电解液相比，水系电解液更不容易发生自燃、自爆的事故，具有较高的安全性。此外，水系电解液的离子电导率较高，有利于Zn^{2+}快速地在隔膜之间穿梭，提高传输速率和导电效率，并且在电池废弃后，水系金属盐溶液本身不具有毒性，不会造成环境的污染，有利于对电池的回收利用。同时，有机溶液的成本往往高于水系金属盐溶液，因此选择水系金属盐溶液有利于锌离子电池的大规模生产和使用。虽然水系锌离子电池可以满足较高的安全性要求，但是，现有电解液电化学稳定窗口较窄，导致电压和能量密度有限。并且，水系电解液的使用容易使H_2O分子发生析氢和析氧等副反应，Zn^{2+}与H_2O分子之间的强相互作用容易导致枝晶生长和发生自腐蚀。这些问题导致金属锌负极的循环寿命较短。

基于此，本实验通过研究不同电解液组分对金属锌负极稳定性造成的影响，探讨电解液溶剂化结构对金属锌负极稳定性的影响。最终，通过调整 Zn^{2+} 的溶剂化结构降低 H_2O 分子活性和削弱 Zn^{2+} 与 H_2O 分子之间的强相互作用，在一定程度上解决锌枝晶生长、析氢和腐蚀等问题以提高锌离子电池的循环稳定性，同时拓宽电解液的电势窗口，为开发出能够展现锌离子电池优异电化学性能和改善金属锌负极稳定性的电解液提供新的思路。本实验分为两个部分。第一部分，通过组装 Zn-Ti 不对称电池分别测试五种典型锌基水系电解液[$ZnCl_2$、$Zn(NO_3)_2$、$ZnSO_4$、$Zn(CH_3COO)_2$、$Zn(CF_3SO_3)_2$]的库仑效率（CE），并以此来评价其 Zn^{2+} 剥离/电镀效率；用扫描电子显微镜（SEM）对相应钛箔上镀锌的形貌和相组成进行表征，了解水系电解液阴离子对 Zn^{2+} 剥离/电镀效率的影响，并通过拉曼光谱研究 Zn^{2+} 与 H_2O 分子之间的相互作用；根据测试结果，选择 Zn^{2+} 剥离/电镀效率最佳的电解液进一步测试其不同浓度的库仑效率，了解水系电解液浓度对 Zn^{2+} 剥离/电镀效率的影响。第二部分，在前述实验的基础上，通过循环伏安法和恒电流充放电技术对相应的水系锌离子电池的电化学性能进行表征，测试其电势窗口和循环稳定性。

三、实验原料与设备

1. 实验原料

氯化锌（A. R.），硝酸锌（A. R.），硫酸锌（A. R.），醋酸锌（A. R.），三氟甲磺酸锌（A. R.），聚四氟乙烯（A. R.），锌箔，钛箔，活性炭，去离子水等。

2. 实验设备

集热式磁力搅拌器（1 台），可调式混匀仪（1 台），超声波清洗器（1 台），电子天平（1 台），电热恒温鼓风干燥箱（1 台），电动对辊机（1 台），手动切片机（1 台），手动纽扣电池封装机（1 台），电池极片压片机（1 台），电池检测系统（1 套），电化学工作站（1 套），扫描电子显微镜（1 台），拉曼光谱仪（1 台），透射电子显微镜（1 台）等。

四、实验步骤

1. 电解液的制备

配制 1 mol/kg（每千克溶剂中盐的物质的量为 1 mol）$ZnCl_2$、$Zn(NO_3)_2$、$ZnSO_4$、$Zn(CH_3COO)_2$、$Zn(CF_3SO_3)_2$ 电解液。以配制 1 mol/kg $Zn(CF_3SO_3)_2$ 电解液为例，称取 3.634 g $Zn(CF_3SO_3)_2$ 粉末于离心管中并加入 10 g 去离子水，超声混匀后，呈无色液体，继续搅拌。溶液经过水系过滤膜过滤后，用滴管移取约 5 mL 溶液置于 5 mL 离心管中备用。

经过测试后，选择 $Zn(CF_3SO_3)_2$ 电解液进一步测试其不同浓度的库仑效率。根据 $Zn(CF_3SO_3)_2$ 的溶解度限制，配制 1～4 mol/kg $Zn(CF_3SO_3)_2$ 电解液。分别称取 3.634 g、7.268 g、10.902 g 和 14.536 g $Zn(CF_3SO_3)_2$ 粉末于离心管中并加入 10 g 去离子水，超声混匀后，呈无色液体，继续搅拌。溶液经过水系过滤膜过滤后，用滴管移取约

5 mL 溶液置于 5 mL 离心管中备用。

2. 材料表征

使用加速电压为 5 kV 的扫描电子显微镜（SEM）和 200 kV 的透射电子显微镜（TEM）研究材料微观形貌。拉曼光谱是在激光共焦拉曼光谱仪系统上使用 514 nm 激光和 5 倍物镜拍摄得出的图谱。

3. 锌离子电池组装

以 100 μm 锌箔、20 μm 钛箔和中流速滤纸分别作为负极、正极和隔膜，并分别加入 1 mol/kg $ZnCl_2$、$Zn(NO_3)_2$、$ZnSO_4$、$Zn(CH_3COO)_2$、$Zn(CF_3SO_3)_2$ 电解液组装 CR2032 型扣式电池。

为制备正极电极，将聚四氟乙烯悬浮液加入活性炭粉末中，然后将其轧制成厚度约为 60～70 μm 的薄膜。将薄膜切成直径为 10 mm 的圆盘，用液压机在 20 MPa 下压入钛网（直径为 14 mm）2 min，并在 100℃的真空烘箱中干燥 12 h。以 16 mm 锌箔和玻璃纤维隔膜分别作为负极、隔膜组装成 CR2032 型扣式电池。

4. 电化学测试

① 以自配的五种典型锌基水系电解液[$Zn(CH_3COO)_2$、$ZnSO_4$、$ZnCl_2$、$Zn(NO_3)_2$ 和 $Zn(CF_3SO_3)_2$]组装的 Zn-Ti 不对称电池为研究对象，在－0.3～1.0 V 的电压区间内，以一定的电流密度进行 50 次恒电流充放电测试，分别计算上述五种电解液的库仑效率，并以此来评价其 Zn^{2+} 剥离/电镀效率。电解液浓度均为 1 mol/kg。

② 以 $Zn(CF_3SO_3)_2$ 电解液组装的 Zn-Ti 不对称电池为研究对象，在相同的电压区间和电流密度下，对其进行 500 次的长循环恒电流充放电测试，进一步研究不同浓度的 $Zn(CF_3SO_3)_2$ 电解液对 Zn^{2+} 剥离/电镀效率的影响。

③ 利用扫描电子显微镜（SEM）观察 1 mol/kg $Zn(CF_3SO_3)_2$、$Zn(CH_3COO)_2$、$Zn(NO_3)_2$、$ZnCl_2$ 和 $ZnSO_4$ 电解液在钛箔上沉积锌的形貌和相组成，研究不同电解液的阴离子对 Zn^{2+} 剥离/电镀效率的影响。

④ 利用拉曼光谱研究水分子与电解液阴离子的相互作用。测试对象为 1～4 mol/kg $Zn(CF_3SO_3)_2$ 电解液和去离子水。

五、实验结果与讨论

1. 记录五种自配电解液[$Zn(CH_3COO)_2$、$ZnSO_4$、$ZnCl_2$、$Zn(NO_3)_2$ 和 $Zn(CF_3SO_3)_2$]前 50 次循环的电压-时间曲线，计算库仑效率并绘制库仑效率-循环次数曲线。

2. 记录不同浓度（1～4 mol/kg）$Zn(CF_3SO_3)_2$ 电解液前 500 次内不同循环次数的电压-容量曲线和电压-时间曲线，计算库仑效率并绘制库仑效率-循环次数曲线。

3. 记录 1 mol/kg $Zn(CF_3SO_3)_2$、$Zn(CH_3COO)_2$、$Zn(NO_3)_2$、$ZnCl_2$ 和 $ZnSO_4$ 电解液在钛箔上沉积锌的形貌。

4. 记录不同浓度（1～4 mol/kg）$Zn(CF_3SO_3)_2$ 电解液和去离子水的拉曼光谱。

六、思考题

1. 与锂离子电池相比，锌离子电池有哪些优缺点？

2. 现有的锌离子电池用水系电解液存在哪些问题？

3. 通过 SEM 和拉曼光谱技术对不同电解液中 Zn^{2+} 与 H_2O 分子之间相互作用的观察，讨论溶剂化结构如何影响电解液的电势窗口和锌离子的循环稳定性。

七、参考文献

[1] Jia X X, Liu C F, Neale G Z, et al. Active materials for aqueous zinc ion batteries: Synthesis, crystal structure, morphology, and electrochemistry. Chemical Reviews, 2020, 120 (15): 7795-7866.

[2] Zeng X H, Hao J N, Wang Z J, et al. Recent progress and perspectives on aqueous Zn-based rechargeable batteries with mild aqueous electrolytes. Energy Storage Materials, 2019, 20: 410-437.

[3] Li Y, Zhang D H, Huang S Z, et al. Guest-species-incorporation in manganese/vanadium-based oxides: Towards high performance aqueous zinc-ion batteries. Nano Energy, 2021, 85: 105969.

[4] Li Y, Wang Z, Cai Y, et al. Designing advanced aqueous zinc-ion batteries: Principles, strategies, and perspectives. Energy & Environmental Materials, 2022, 5 (3): 823-851.

实验 13

不饱和氯醇橡胶的合成及其硫化及力学性能研究

一、实验目的

1. 了解氯醇橡胶的结构、特点和应用。

2. 掌握聚合物开环聚合的原理及实验技能。

3. 学习并掌握使用核磁共振仪、凝胶渗透色谱仪等仪器表征聚合物的基本结构及分子量。

4. 掌握橡胶硫化过程、硫化性能和机械性能的测试方法和评价标准。

5. 掌握使用相关软件对实验数据进行处理与分析等。

二、实验原理

氯醇橡胶，又称氯醚橡胶，是一种带有氯甲基侧链的聚醚型橡胶。它是以环氧化合物（环氧氯丙烷 ECH、环氧乙烷 EO、环氧丙烷 PO）为单体，通过环状醚开环聚合而成的高分子弹性体，具有优良耐寒、耐油、耐候和耐热性能。氯醇橡胶具有非常广泛的应用，并且正在向更多的领域扩展，如石油行业、化肥行业、纯水制备行业、电力行业、汽车行业、制冷行业、航空行业、电缆行业、食品行业、纺织行业、煤气行业、造船及医用材料行业等。

因单体组合不同，氯醇橡胶可分为均聚氯醇橡胶（环氧氯丙烷均聚氯醇，CO）、二元共聚氯醇橡胶（环氧氯丙烷-环氧乙烷二元共聚物，ECO；环氧氯丙烷-烯丙基缩水甘油醚二元共聚物，GCO）和三元共聚氯醇橡胶（环氧氯丙烷-环氧乙烷-烯丙基缩水甘油醚三元共聚物，GECO）。其中，三元不饱和氯醇橡胶主要由共聚胶与烯丙基缩水甘油醚（AGE）共聚而成。如图 1 所示，主要以烷基铝-磷酸-含氮或磷给电子化合物或烷基铝的水解产物与乙醚或乙酰丙酮的复合物为催化剂体系，以甲苯为溶剂，采用溶液聚合法制备氯醇橡胶。

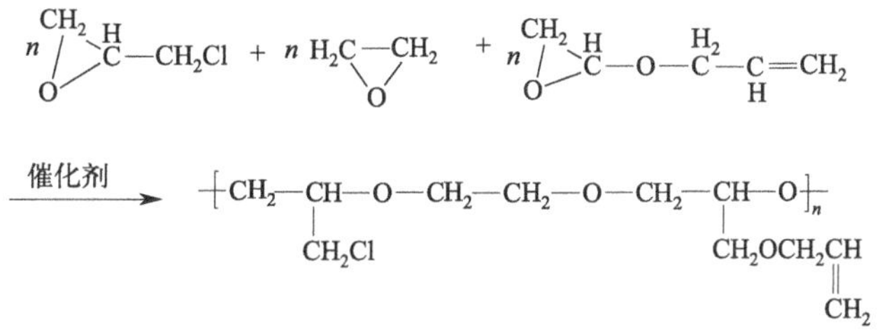

$$n\ \underbrace{CH_2-\overset{H}{C}}_{O}-CH_2Cl + n\ \underbrace{H_2C-CH_2}_{O} + n\ \underbrace{CH_2-\overset{H}{C}}_{O}-O-\overset{H_2}{C}-\underset{H}{C}=CH_2$$

$$\xrightarrow{\text{催化剂}} \left[CH_2-\underset{CH_2Cl}{\underset{|}{CH}}-O-CH_2-CH_2-O-CH_2-\underset{CH_2OCH_2CH=CH_2}{\underset{|}{CH}}-O \right]_n$$

图 1　三元不饱和共聚氯醇橡胶的合成反应过程

由于聚合物侧键上含不饱和键，不饱和氯醇橡胶在性能上表现出更优异的耐热性。然而，尽管氯醇橡胶侧链的氯甲基提供硫化基点，但是不能通过传统的硫黄硫化体系或过氧化物硫化体系进行硫化。这是因为硫化过程脱出的 HCl、H_2S 等气体会阻碍硫化反应进行，导致硫化胶的物理性能如耐热性、耐老化性等下降，而且这些气体还会腐蚀模具，污染环境。由此可见，氯醇橡胶配方设计是氯醇橡胶加工业的重要课题，而硫化剂的选择对制品的性能影响尤为重要。目前，氯醇橡胶硫化体系有硫脲类、三嗪类、喹喔啉类、碱金属硫化物与胺类等。

(1) 硫脲类硫化体系

在硫脲类硫化体系中，亚乙基硫脲（NA-22）与酸受体（氧化铅）并用，通常硫化速度快，门尼焦烧时间长，所得的硫化胶耐热性能优异、综合性能好。虽然硫脲类硫化体系最常用的铅和镁化合物氧化效果好，但是氧化铅是重金属污染物，现在已经被禁用或限用。而且，Na-22/Pb_3O_4 硫化体系也不再使用。

(2) 三嗪类硫化体系

三嗪类硫化体系的代表产品为三聚硫氰酸（TCY），是一种环保型硫化剂，主要对活性氯型聚丙烯酸酯进行硫化，其硫化机理如图 2 所示。近年来，随着人们环保意识逐渐增强，TCY 以其明显的经济效益和环保效益，在新材料的开发方面彰显出独特的优势。

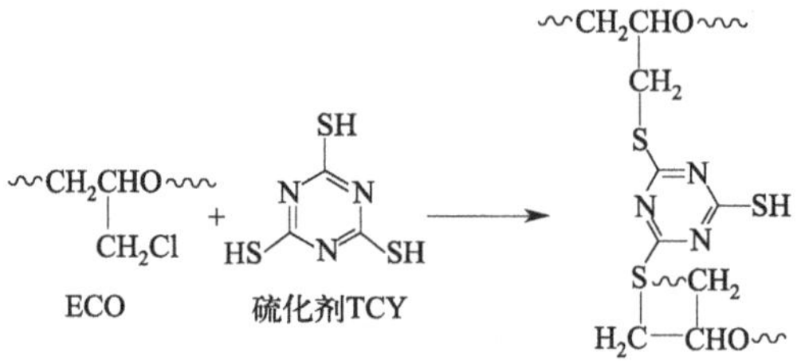

图 2 TCY 硫化机理

本实验以三异丁基铝、磷酸、1,8-二氮杂二环十一碳-7-烯（DBU）的配合物为催化剂，以环氧氯丙烷、环氧乙烷、烯丙醇缩水甘油醚为单体，通过开环聚合，合成含有环氧氯丙烷-环氧乙烷-烯丙醇缩水甘油醚的不饱和氯醇橡胶。然后使用亚乙基硫脲和亚乙基硫脲加硫黄这两种硫化体系，对合成的氯醇橡胶进行硫化，并进一步对硫化胶的性能进行测试。

三、实验原料与设备

1. 实验原料

甲苯（A. R.），四氢呋喃（A. R.），无水乙醚（A. R.），亚乙基硫脲（97%），磷酸（85%），升华硫（95%），五氧化二磷（99%），橡胶防老剂 4020（96%），环氧乙烷（A. R.），烯丙醇缩水甘油醚（A. R.），三异丁基铝（A. R.），炭黑，环氧氯丙烷（A. R.），轻质氧化镁（A. R.），1,8-二氮杂二环十一碳-7-烯（99%），硬脂酸（A. R.），氘代氯仿（A. R.），氧化锌（A. R.）等。

2. 实验设备

电热恒温鼓风干燥箱（1 台），无转子硫化仪（1 台），集热式磁力搅拌器（1 台），橡胶冲压机（1台），电子天平（1台），万能材料试验机（1台），无菌溶药注射器（1支），直角撕裂裁刀（1把），双辊炼胶机（1台），哑铃裁刀（1把），核磁共振仪（1台），电动加硫成型机（1台），凝胶渗透色谱仪（1台）等。

四、实验步骤

1. 烷基铝配位催化剂的配制

实验中部分试剂需要前处理：甲苯加4A分子筛干燥，备用；环氧乙烷（EO）、烯丙醇缩水甘油醚（AGE）加4A分子筛干燥，备用；无水乙醚加4A分子筛干燥，备用；环氧氯丙烷（ECH），武汉有机有限公司提供时已干燥处理。

（1）无水磷酸的配制

实验中需要用的无水磷酸由85%磷酸和五氧化二磷配制。在三口烧瓶中加入85%磷酸（50.80 g），在搅拌条件下加入五氧化二磷（19.72 g），搅拌至固体五氧化二磷完全消失。静置过夜，得到白色固体结晶状磷酸。

（2）磷酸乙醚溶液的配制

称取无水磷酸固体，将其加入无水乙醚，搅拌至磷酸完全溶解，配制5%磷酸溶液。

（3）催化剂的配制

在氮气保护下，在1 L三口烧瓶中，按三异丁基铝、5%磷酸、1,8-二氮杂二环十一碳-7-烯的物质的量之比为1∶0.32∶0.4，向1.0 mol/L的三异丁基铝甲苯溶液中滴加含有5%磷酸的乙醚溶液；再加入1,8-二氮杂二环十一碳-7-烯，在冰水浴（温度低于10℃）中反应0.5 h；然后升温至60℃，陈化2 h。配制得到催化剂溶液，备用。

2. 不饱和氯醇橡胶的合成

在氮气保护下，将环氧氯丙烷、环氧乙烷、烯丙醇缩水甘油醚按照物质的量之比为40∶60∶6加入盛有甲苯溶剂的三口烧瓶中，升温至85℃。然后，用无菌溶药注射器在15 min内加入配制好的催化剂（Cl与单体的物质的量之比为1.5%），反应4 h。反应结束后，将反应溶液加入95℃水中，共沸脱出溶剂，得到团状产物。将产品撕成小块状，室温晾至半干后，置于电热恒温鼓风干燥箱中，在60℃条件下干燥至恒重。

3. 橡胶混炼及橡胶硫化

将制得的氯醇橡胶在双辊炼胶机双辊间距为1 mm的条件下薄通，调整合适的双辊转数。然后，按橡胶为100份计，依次加入硬脂酸1份、炭黑50份、氧化锌5份、轻质氧化镁5份、防老剂4020 1份。待混炼均匀后，加入对应硫化剂亚乙基硫脲1.5份，混炼均匀。然后调整双辊炼胶机双辊间距为2 mm，下片，得到混炼胶。亚乙基硫脲加硫黄的混炼胶操作相同。

用无转子硫化仪分别测试不同混炼胶的硫化曲线，确定各个橡胶硫化体系的硫化条件。用电动加硫成型机将各混炼胶按测定硫化条件进行硫化。

将已经硫化好的橡胶放入烘箱，逐步冷却。用橡胶冲压机将橡胶裁成样片，备用。

4. 合成橡胶的结构表征

以氘代氯仿为溶剂，通过核磁共振氢谱对合成产物结构进行表征；以四氢呋喃为流动相，通过凝胶渗透色谱仪测试聚合物分子量及分子量分布，测试条件：温度为35℃，流速为1 mL/min，进样量为100 μL。

5. 硫化橡胶机械性能测试

用橡胶冲压机将硫化橡胶片裁成样条，备用。

用万能材料试验机对上述硫化的橡胶样条进行测试，测试各样条的100%定伸强度；拉伸强度测试时，测试速度为500 mm/min；撕裂强度测试时，测试速度为300 mm/min。

五、实验结果与讨论

1. 记录合成过程反应物用量和实验现象。
2. 记录并分析聚合物结构及分子量数据。
3. 记录炼胶过程中的现象及炼胶后橡胶形态。
4. 记录混炼胶硫化曲线并分析硫化性能。
5. 记录并分析氯醇橡胶的硫化及机械性能。

六、思考题

1. 竞聚率差异较大的单体共聚时，如何控制聚合物分子链上单体的分布？
2. 溶液聚合法合成高分子有何优缺点？

七、参考文献

[1] 郭磊．氯醚橡胶硫化体系的研究及进展．橡塑技术与装备，2018，44 (23)：27-30.

[2] 邓明．环氧烷烃开环共聚合制备功能化聚醚的研究．大连：大连理工大学，2020.

[3] 谢科，陈妤红，祁幸，等．三元不饱和氯醇橡胶的制备与表征．广东化工，2013，40 (23)：5-6.

[4] 李东红．二元共聚氯醚橡胶的硫化．山西化工，2009，29 (6)：27-29.

[5] 蔡海军，王巧福，谢忠麟．二元共聚氯醚橡胶硫化体系的对比试验．橡胶科技，2016，14 (10)：22-27.

[6] 谢忠麟，庞秀艳．硫化体系对二元共聚氯醚橡胶性能的影响．橡胶工业，2005 (4)：213-217.

[7] Davydova M L，Shadrinov A R，Khaldeeva A F，et al. Influence of vulcanizing system on properties and structure of rubbers based on hydrin T6000 epichlorohydrin rubber. Inorganic Materials：Applied Research，2021，12 (4)：859-865.

[8] 钱丽丽，黄承亚．不同硫化体系对氟橡胶/氯醚橡胶共混物性能的影响．合成橡胶工业，2010，33 (1)：53-55.

第二部分
无机功能材料的制备与性能研究

实验1

中空介孔二氧化硅纳米材料的制备及载药性能研究

一、实验目的

1. 了解中空介孔二氧化硅纳米材料颗粒（HMSNs）的性质及制备方法。
2. 掌握合成 HMSNs 的原理和实验技能。
3. 学习并掌握使用 X 射线衍射仪、傅里叶变换红外光谱仪、纳米粒度电位仪等测试仪器对纳米材料进行表征。
4. 掌握通过标准曲线法测定 HMSNs 的载药量和包封率。
5. 掌握相关软件的使用和数据处理及分析等。

二、实验原理

介孔材料（孔径介于 2～50 nm）由于具有较高的比表面积、规则有序的孔道结构、孔径和孔体积大小可调及易于表面功能化等特点，在药物递送、生物传感器和催化反应等领域中表现出相对其他微孔材料无可比拟的优越性和应用潜能。拥有中空结构类型的介孔二氧化硅纳米材料（HMSNs）相比于常规介孔二氧化硅纳米材料（MSNs）具有更大的比表面积及容量，进一步增加了其在纳米科学技术领域的应用价值，例如可作为重金属吸附载体净化环境、作为药物递送系统提高载药量、作为微型反应容器等。

HMSNs 主要分为两种：一种为完全中空结构，即二氧化硅内部完全是空心的；另一种为核-壳中空结构，即中空二氧化硅内部有一个内核，核与壳之间存在着中空的空间，壳层具有微孔或介孔结构。HMSNs 的制备方法通常包括四种：硬模板法、软模板法、选择性刻蚀法和自模板法。图 1 显示了这四种方法的制备过程及载药示意图。

硬模板法制备 HMSNs 通常包括以下四步：①硬模板的制备；②通过电子效应或范德华力（Van der Walls force）效应，使得致孔剂吸附在硬模板表面形成复合模板；③硅前驱体水解共聚，通过自组装过程包覆硬模板；④去除硬模板及其表面致孔剂，即可得到 HMSNs。其中第三步最重要，这一步不仅需要二氧化硅稳健地包覆在硬模板表面，而且

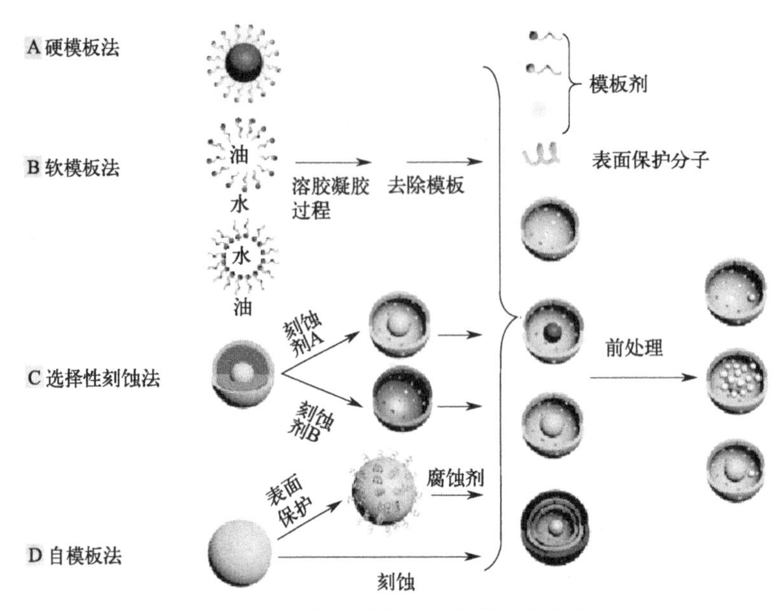

图 1　HMSNs 纳米颗粒的四种制备过程示意图

硅前驱体的用量直接影响 HMSNs 的粒径大小。第四步去除模板和致孔剂的方法有两种，一种是溶剂萃取法，另一种是高温煅烧法，可根据实际情况选择。通常，硬模板法制备得到的 HMSNs 颗粒分布均匀、单分散性良好、粒径大小可调。

软模板法制备 HMSNs 主要包括胶束法、乳液滴法、聚合物聚集法。其中胶束法是最常用的软模板法，它以表面活性剂作为软模板和致孔剂，以胶束形式存在于溶液体系中，并经溶胶-凝胶过程合成单层或多层二氧化硅以包覆软模板，再去除软模板，制得具有中空介孔结构的 HMSNs。

选择性刻蚀法主要基于不同结构的二氧化硅壳层而实施，相比于有机-无机杂化二氧化硅壳层，单纯的无机二氧化硅壳层结构更加致密。因此，在相同的刻蚀条件下，有机-无机二氧化硅壳层更容易被刻蚀掉。在此基础上，一个拥有多层不同结构类型的二氧化硅颗粒能经选择性刻蚀后形成中空结构。选择性刻蚀法的优点是能够根据刻蚀层的大小直接控制中空部分的大小。

自模板法是以无机二氧化硅颗粒本身作为模板，不再需要其他模板的方法。该方法可通过二氧化硅颗粒本身溶解及再增长过程，通过选择性刻蚀从而形成 HMSNs。

一般来说，二氧化硅（SiO_2）的制备过程可分为正硅酸乙酯（TEOS）的水解和缩聚两步。首先，TEOS 在氨水的碱性催化下，乙氧基首先被 OH^- 所代替，水解生成大量的硅酸；生成的硅酸分子之间发生聚合反应生成 Si—O—Si，当其浓度增大到临界值，达到饱和时，将聚集生成二氧化硅核，而后聚合物和硅酸分子继续在其表面反应聚集，最终生成二氧化硅（SiO_2）纳米粒子。

HMSNs 制备过程如图 2 所示，主要包括三步：①正硅酸乙酯（TEOS）在碱性环境中水解生成硅酸，再聚合生成二氧化硅纳米粒子（$sSiO_2$）；②利用 $sSiO_2$ 作为硬模板，在表面活性剂（如十六烷基三甲基氯化铵，CTAB）的作用下，TEOS 再次水解，生成硅酸盐碎片并在 $sSiO_2$ 表面沉积，形成包覆并掺杂表面活性剂的二氧化硅层（CTAB-SiO_2）；

③先使用碳酸钠（Na_2CO_3）溶液，选择性刻蚀掉内部 $sSiO_2$，再通过酸性溶液萃取法，去除表面活性剂 CTAB，从而制备具有均一介孔结构的 HMSNs（也即 HMSS-W）。

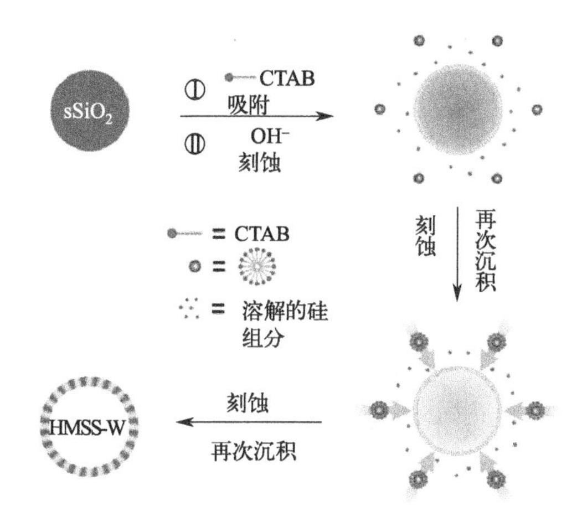

图 2　HMSNs 的制备过程

TEOS 的水解过程通常受体系的 pH 值影响较大。在水溶液中，其水解产物硅酸盐的等电点约为 pH = 2。当 pH > 2 时，硅酸盐呈负电性；当 pH < 2 时，硅酸盐呈正电性。硅酸盐在不同 pH 值下的聚合速度和缩聚机理存在很大的差异。

本实验以 TEOS 为前驱体、CTAB 为表面活性剂和致孔剂，结合 Na_2CO_3 碱性溶液刻蚀法，制备一种具有较高比表面积和较大空腔体积的高分散性 HMSNs 纳米粒子。然后，利用物理包埋法将广谱抗癌药物阿霉素（DOX）装载于 HMSNs 内部，利用荧光分光光度计检测在 480 nm 激发波长下，载药材料溶液在 555 nm 波长处的荧光强度，并根据 DOX 标准曲线计算得到载药材料的载药量和包封率，以评估 HMSNs 的药物负载性能。最后，对 CTAB 在 HMSNs 制备过程中的作用进行分析与讨论。

三、实验原料与设备

1. 实验原料

十六烷基三甲基溴化铵（A. R.），浓盐酸（A. R.），正硅酸乙酯（A. R.），氢氟酸（A. R.），碳酸钠（A. R.），阿霉素盐酸盐（A. R.），氨水（A. R.），磷酸盐缓冲液（A. R.），无水甲醇（A. R.），氢氧化钠（A. R.），无水乙醇（A. R.），超纯水等。

2. 实验设备

集热式磁力搅拌器（1 台），台式高速离心机（1 台），超纯水系统（1 台），电子天平（1 台），恒压滴液漏斗（1 个），分析天平（1 台），X 射线衍射仪（1 台），超声波清洗器（1 台），荧光分光光度计（1 台），真空干燥箱（1 台），透射电子显微镜（1 台），纳米粒度电位仪（1 台），傅里叶变换红外光谱仪（1 台），比表面积和孔隙度分析仪（1 台）等。

四、实验步骤

1. 实心二氧化硅纳米材料（$sSiO_2$）的制备

量取 250 mL 无水乙醇、50 mL 超纯水和 10 mL 氨水（25%～28%），将其混合后加热至 30℃。将 10 mL 正硅酸乙酯（TEOS）逐滴（10 s/滴）加至上述溶液中搅拌 2 h，得到白色悬浮液。将悬浮液离心（11000 r/min，10 min）处理，收集白色沉淀。分别用无水甲醇和超纯水洗涤白色沉淀各 3 次，然后真空干燥 24 h，得到 $sSiO_2$。

2. 包覆 CTAB-SiO_2 的 $sSiO_2$ 纳米材料（CTAB-SiO_2@$sSiO_2$）的制备

称取 0.1 g $sSiO_2$ 纳米颗粒，加入 20 mL 超纯水，超声分散 30 min，直至 $sSiO_2$ 纳米颗粒均匀分散在水中。将 0.60 g 十六烷基三甲基溴化铵（CTAB）溶解于 20 mL 超纯水中，再加入 30 mL 无水甲醇和 0.55 mL 氨水，混合均匀后，再将分散好的 $sSiO_2$ 悬浮液加至其中，剧烈搅拌，同时逐滴（3 s 一滴）加入 0.25 mL TEOS，继续反应 6 h 后，离心（11000 r/min，10 min）收集沉淀。分别采用超纯水、无水甲醇洗涤沉淀各 3 次，然后真空干燥 24 h，得到产物 CTAB-SiO_2@$sSiO_2$。

3. 中空介孔二氧化硅纳米材料（HMSNs）的制备

将上述干燥后的产物 CTAB-SiO_2@$sSiO_2$ 超声分散于 20 mL 超纯水中，加入 470 mg 碳酸钠（$NaCO_3$），升温至 50℃，剧烈搅拌反应 10 h。离心（11000 r/min，10 min）收集沉淀，并分别用超纯水、无水甲醇清洗沉淀各 3 次。收集产物，得到 $sSiO_2$ 内核被除去且含有 CTAB 的 HMSNs-CTAB。将 HMSNs-CTAB 超声分散至甲醇（50 mL）/盐酸（3 mL）混合溶液，剧烈搅拌 30 min，随后将混合溶液升温至 80℃，继续回流反应 48 h 以除去 CTAB。将该萃取过程重复 3 次，确保 CTAB 完全被除去。离心（11000 r/min，10 min）收集沉淀，分别采用无水甲醇、超纯水各洗涤沉淀 3 次，然后真空干燥 24 h，得到 HMSNs。

4. 负载 DOX 的中空介孔硅纳米材料（DOX@HMSNs）的制备

称取 100 mg HMSNs 超声分散于 10 mL 磷酸盐缓冲液（PBS，10 mmol/L，pH＝7.4），加入 10 mg 阿霉素盐酸盐（DOX · HCl）使之完全溶解，室温下搅拌反应 24 h，使 DOX · HCl 通过自由扩散载入 HMSNs 介孔孔道中。离心（8500 r/min，10 min）并收集沉淀，随后用 PBS 洗涤沉淀 4 次，以除去未包埋进去的 DOX。最后真空干燥 24 h，得到 DOX@HMSNs。该载药过程需要在避光条件下操作。

5. 纳米材料表征

采用透射电子显微镜（TEM）对 HMSNs 的结构和形貌进行表征；利用纳米粒度电位仪检测 HMSNs 在 37℃条件下的电势电位、尺寸及其粒径分布；利用 X 射线衍射（XRD）仪考察 HMSNs 的晶体结构（测试条件：铜靶，X 射线波长为 1.54 Å，扫描速度为 5°/min，衍射角 2θ 范围为 5°～80°）；采用比表面积和孔隙度分析仪对 HMSNs 的 BET

比表面积和BJH孔径分布进行表征；采用KBr压片法，将测试样品与KBr固体混合均匀后研磨压成透明薄片，通过傅里叶变换红外光谱（FTIR）仪对样品进行红外光谱扫描，扫描范围为4000～500 cm^{-1}。

6. DOX标准曲线方程制定

称取一定量DOX溶解在pH＝7.4的PBS中。分别配制一系列浓度梯度的DOX溶液，浓度依次为200 μg/mL、180 μg/mL、160 μg/mL、140 μg/mL、120 μg/mL、100 μg/mL、80 μg/mL、60 μg/mL、40 μg/mL、20 μg/mL、10 μg/mL、5 μg/mL、2.5 μg/mL和1.25 μg/mL。使用荧光分光光度计，设定DOX激发波长为480 nm，测定不同浓度下DOX溶液在555 nm波长的荧光强度值，3次独立实验后，数据统计处理取平均值。采用软件绘制出DOX标准曲线，并得到DOX标准曲线方程。

7. DOX@HMSNs载药性能测试

称取0.1 mg DOX@HMSNs纳米颗粒溶解在一定浓度（0.1 mol/L）的氢氟酸（HF）溶液中，利用HF的强腐蚀性彻底破坏HMSNs的介孔结构，使包载的药物完全释放出来。随后，加入氢氧化钠（NaOH）溶液将上述混合液的pH值调至7.4左右，采用荧光分光光度计检测溶液在480 nm激发波长下，DOX在555 nm波长的荧光强度。其中，发射光和激发光的狭缝宽度均设定为5 nm。根据DOX标准曲线方程计算出载药材料溶液中DOX的质量，并通过以下公式分别计算得到DOX@HMSN的载药量（DLC,%）和包封率（DLE,%）。

$$\text{DLC}=\frac{\text{负载的药物质量}}{\text{负载药物的材料质量}}$$

$$\text{DLE}=\frac{\text{负载的药物质量}}{\text{投放的药物质量}}$$

五、实验结果与讨论

1. 产品外观：________；产品质量：________；载药量：________；包封率：________。

2. 记录TEM观察到的样品材料的形貌特征和尺寸。

3. 记录纳米粒度电位仪检测到的样品材料的粒径大小和聚合物分散性指数（PDI）。

4. 绘制X射线衍射仪检测到的XRD曲线，分析样品材料的晶体结构。

5. 绘制比表面积和孔隙度分析仪检测的氮气吸附-脱附曲线，记录样品材料的比表面积、孔径和孔体积大小。

6. 绘制傅里叶变换红外光谱仪测试的红外光谱图，分析样品材料的分子结构特征。

六、思考题

1. HMSNs的粒径大小主要受哪些因素影响？

2. 在二氧化硅纳米粒子的制备过程中，调节反应溶液的pH值的目的是什么？

3. 外层结构中CTAB用量的大小对HMSNs会有什么影响？

七、参考文献

[1] Cheng Y J, Qin S Y, Ma Y H, et al. Super-pH-sensitive mesoporous silica nanoparticle-based drug delivery system for effective combination cancer therapy. ACS Biomaterials Science & Engineering, 2019, 5 (4): 1878-1886.

[2] Cheng Y J, Hu J J, Qin S Y, et al. Recent advances in functional mesoporous silica-based nanoplatforms for combinational photo-chemotherapy of cancer. Biomaterials, 2020, 232: 119738.

[3] Fang X, Chen C, Liu Z, et al. A cationic surfactant assisted selective etching strategy to hollow mesoporous silica spheres. Nanoscale, 2011, 3 (4): 1632-1639.

[4] Tang F, Li L, Chen D. Mesoporous silica nanoparticles: Synthesis, biocompatibility and drug delivery. Advanced materials, 2012, 24 (12): 1504-1534.

实验 2

介孔二氧化钛的合成、改性和光热性能研究

一、实验目的

1. 学习和了解纳米二氧化钛（TiO_2）的基本性质和用途。

2. 掌握介孔二氧化钛的合成与改性方法。

3. 掌握介孔二氧化钛的光热性能测试方法。

4. 掌握 X 射线衍射仪、纳米粒度电位仪、紫外-可见漫反射光谱仪、比表面积和孔隙度分析仪等仪器对纳米材料进行测试的原理和操作方法。

5. 掌握相关软件的使用和数据处理与分析。

二、实验原理

TiO_2 有许多种晶型，常见晶型主要有金红石、锐钛矿和板钛矿等。大量研究发现，锐钛矿 TiO_2 表现出最高的光催化活性，其次是金红石 TiO_2，而板钛矿和非晶态 TiO_2 没有明显的光催化活性。作为一种典型的 N 型半导体，TiO_2 的能带由一个充满电子的低能价带（VB）和一个空的高能导带（CB）组成（图 1）。TiO_2 的宽带隙（3.0～3.2 eV）限制了它们的光吸收仅在紫外区，对太阳光的利用率只有 6%左右。此外，光生电子-空穴易复合、光量子效率低等缺陷在一定程度上限制了 TiO_2 的实际应用。因此对纳米 TiO_2 材料进行改性，拓宽其光谱吸收范围，提高其光量子效率成为目前的研究热点。

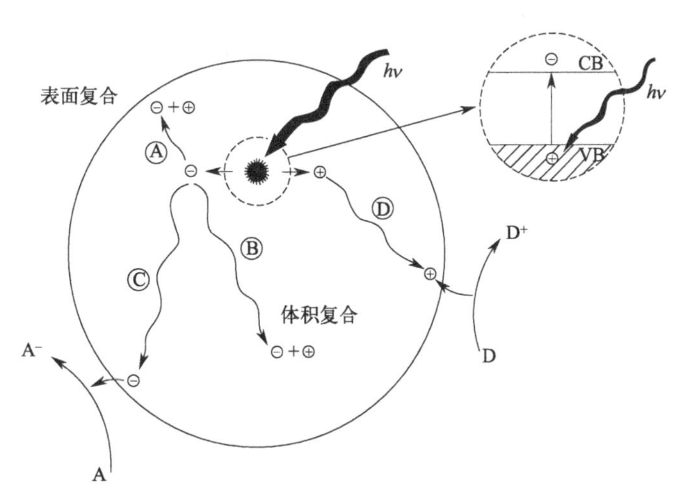

图 1　光激发 TiO_2 的作用机制示意图

在过去的几十年里，人们致力于通过金属或非金属掺杂来制备不同颜色的 TiO_2，例如，贵金属沉积、与窄禁带半导体的耦合、有机染料表面敏化、金属和非金属元素共掺杂

等，以增强 TiO_2 在可见/近红外区域的光学吸收能力和改善光催化活性。尽管这些方法在一定程度上提高了 TiO_2 的光吸收效率，但是对于近红外区域的吸收效果依然有限，很难有效响应癌症治疗过程中使用的低功率近红外光。因此，近红外光直接激发 TiO_2 用于癌症光疗的研究受到限制，直到黑色（氢化）TiO_2 的出现。

相较于白色 TiO_2，黑色 TiO_2 不仅具有更窄的带隙宽度和较低的电子-空穴复合率，使其光学吸收开始扩展到红外区域，极大增强了 TiO_2 纳米颗粒的光学性质，而且具有良好的光热稳定性和较高的光热转化率。带隙宽度大幅缩小的主要原因被认为是表面无序和化学缺陷，具体的原因则由不同的合成方法来确定。目前所报道的黑色 TiO_2 的合成方法主要有：①氢气还原法；②化学还原法；③$NaBH_4$ 还原法；④化学氧化法；⑤电学还原法。随着研究的深入，研究者对黑色 TiO_2 结构形成的原因有不同的解释，主要包括：①Ti^{3+} 的存在；②Ti—H 基团的存在；③Ti—OH 基团的存在；④氧空位的引入。

本实验主要采用水解法和温和的还原反应过程制备黑色 TiO_2（B-TiO_2）纳米材料，进一步探究反应温度与黑色 TiO_2（B-TiO_2）纳米材料结构和光热性能之间的关系。

三、实验原料与设备

1. 实验原料

二甘醇（A. R.），无水乙醇（A. R.），钛酸四丁酯（A. R.），去离子水，硼氢化钠（$NaHB_4$）（A. R.），丙酮（A. R.）等。

2. 实验设备

集热式磁力搅拌器（1 台），台式高速离心机（1 台），管式炉（1 台），电子天平（1 台），X 射线衍射仪（1 台），超声波清洗器（1 台），紫外-可见漫反射光谱仪（1 台），真空干燥箱（1 台），透射电子显微镜（1 台），纳米粒度电位仪（1 台），808 nm 激光器（1 台），比表面积和孔隙度分析仪（1 台），红外成像仪（1 台），X 射线光电子能谱仪（1 台）等。

四、实验步骤

1. 二甘醇酸钛纳米颗粒的制备

首先，在二甘醇中加入钛酸四丁酯（0.04 mol/L），在室温下搅拌 8 h 后，将其逐滴（3 s/滴）加入丙酮溶液（含质量分数为 0.8%的 H_2O）中，继续搅拌 4 h。然后，将该混合溶液离心（11000 r/min，20 min）处理，收集白色沉淀，分别采用去离子水、无水乙醇交替洗涤沉淀物各 3 次。最后，将产物真空干燥 24 h，得到二甘醇酸钛纳米颗粒。

2. 白色介孔二氧化钛颗粒（mTiO_2）的制备

称取 0.1 g 二甘醇酸钛，分散在 20 mL 无水乙醇/去离子水混合溶液中，转入 80 mL 聚四氟乙烯内衬的不锈钢高压釜中进行水热反应，反应温度为 160 ℃，持续 18 h，以使前驱物二甘醇酸钛进一步水解。然后，待高压釜冷却至室温后，反应液体离心（11000 r/

min，20 min）处理，收集白色沉淀，采用去离子水、无水乙醇交替洗涤沉淀物各3次。最后，将产物置于在60 ℃真空干燥箱中干燥过夜，即可得到白色介孔二氧化钛纳米颗粒（$mTiO_2$）。

3. 黑色介孔二氧化钛（B_x-$mTiO_2$）的制备

称取0.1 g硼氢化钠（$NaHB_4$）和0.1 g $mTiO_2$，混于研钵并研磨成细粉。然后，将细粉平铺在瓷舟中，并用锡纸包裹瓷舟使其完全密封，放入管式炉中，在氮气气氛中进行烧结反应，设置升温速率为5℃/min，分别升温至350℃、400℃和500℃下反应3.5 h，再缓慢冷却至室温，离心（11000 r/min，20 min）收集沉淀，采用去离子水、无水乙醇交替洗涤沉淀产物各3次。最后，将产物置于在60℃真空干燥箱中干燥过夜，得到产物B_x-$mTiO_2$（根据反应温度不同，分别记为B_1-$mTiO_2$、B_2-$mTiO_2$和B_3-$mTiO_2$）。

4. 黑色介孔二氧化钛在水溶液中的光热升温性能

采用红外热成像仪，测试B_x-$mTiO_2$（包括B_1-$mTiO_2$、B_2-$mTiO_2$和B_3-$mTiO_2$）分别在波长为808 nm的激光照射下的光热升温性能。具体实验步骤如下：

① 配制200 μg/mL的B_x-$mTiO_2$水溶液，采用不同功率（2.0 W/cm^2、1.5 W/cm^2、1.0 W/cm^2和0.5 W/cm^2）的808 nm激光对其进行照射，每隔10 s记录溶液温度，绘制经不同功率的激光照射后该溶液温度随照射时间的变化曲线图。

② 配制不同浓度（0 μg/mL、50 μg/mL、100 μg/mL、150 μg/mL和200 μg/mL）的B_x-$mTiO_2$水溶液，采用功率为2.0 W/cm^2的808 nm激光对其进行照射，每隔10 s记录溶液温度，绘制不同溶液浓度下该溶液温度随照射时间的变化曲线图。

5. 黑色介孔二氧化钛在水溶液中的光热稳定性能

采用功率为2.0 W/cm^2、波长为808 nm的激光照射浓度为200 μg/mL的B_x-$mTiO_2$水溶液，当溶液温度升至最高温度以后，关闭激光器，待其自然降温，每隔10 s记录溶液温度变化，重复这个过程5次，以检测B_x-$mTiO_2$水溶液的光热性能是否稳定。

6. 黑色介孔二氧化钛在水溶液中的光热转换效率

采用功率为2.0 W/cm^2、波长为808 nm的激光照射浓度为200 μg/mL的B_x-$mTiO_2$水溶液，每隔10 s记录该溶液在升温和自然降温过程中的温度变化情况，根据式(1)可计算出B_x-$mTiO_2$水溶液的光热转换效率（η）。

$$\eta=\frac{HS(\Delta T_{\max,\mathrm{mix}}-\Delta T_{\max,\mathrm{H_2O}})}{I(1-10^{-A_{808}})} \tag{1}$$

式中，$T_{\max,\mathrm{mix}}$为材料水溶液的最高平衡温度，K；$T_{\max,\mathrm{H_2O}}$为纯水的室温温度，K；I为入射激光的功率；A_{808}为材料在波长为808 nm处的吸光度；h为传热系数，W/(cm^2·K)；S为容器的表面积，cm^2。HS则根据式(2)计算获得，式中，τ_s为样品系统时间常数；m_i和$C_{p,i}$分别为溶剂的质量（1 g）和热容（4.2 J/g）。

$$\tau_s = \frac{\sum_i m_i C_{p,i}}{hA} \tag{2}$$

7. 纳米材料表征

采用透射电子显微镜（TEM）对产物的结构和形貌进行表征；利用纳米粒度电位仪检测产物在37℃条件下的电势电位、尺寸及其粒径分布；利用X射线衍射仪考察产物的晶型和晶体结构［测试条件：采用Cu靶的Kα射线（Cu Kα射线）进行扫描，X射线波长为1.5405 Å，扫描速度为5°/min，射线衍射角2θ范围在20°～80°］；采用紫外-可见漫反射光谱仪检测介孔材料的光化学性质，使用硫酸钡（$BaSO_4$）作为参比物质，设置扫描波长范围为200～900 nm，光束模式设置为双光束、低狭缝；利用X射线光电子能谱（XPS）仪检测材料的元素组成、含量和化学状态，使用Cu Kα射线辐射，采用结合能为284.8 eV的C_{1s}峰进行校正；采用比表面积和孔隙度分析仪对介孔材料的BET比表面积和BJH孔径分布进行表征。

五、实验结果与讨论

1. 产品外观：______；产品质量：______。
2. 记录TEM观察到的材料形貌特征和尺寸。
3. 记录纳米粒度电位仪检测到的材料粒径大小和聚合物分散性指数（PDI）。
4. 绘制X射线衍射仪检测到的介孔材料的XRD曲线，分析其晶型和晶体结构。
5. 绘制比表面积和孔隙度分析仪检测到的介孔材料的BET和BJH曲线，记录其比表面积、孔径和孔体积大小。
6. 绘制X射线光电子能谱仪检测到的介孔材料的XPS曲线，记录其元素组成、含量和化学状态等信息。
7. 记录紫外-可见漫反射光谱仪检测到的介孔材料的光学带隙能量值。
8. 记录红外成像仪测到的介孔材料在水溶液中的光热升温性能、光热稳定性和光热转换效率。

六、思考题

1. 介孔二氧化钛在管式炉烧结反应过程中，反应温度对材料结构和形貌会有什么影响?
2. 制备黑色二氧化钛的方法有哪些?
3. 改性介孔二氧化钛变成黑色的原因是什么?
4. 黑色介孔二氧化钛带隙能量减小的主要原因是什么?

七、参考文献

[1] Rajaraman T S, Parikh S P, Gandhi V G. Black TiO_2: A review of its properties and conflicting trends. Chemical Engineering Journal, 2020, 389: 123918.

[2] Chen X, Liu L, Huang F. Black titanium dioxide (TiO_2) nanomaterials. Chemical Society Reviews, 2015, 44(7): 1861-1885.

[3] Wang M, Zhao Y, Chang M, et al. Azo initiator loaded black mesoporous titania with multiple optical energy conversion for synergetic photo-thermal-dynamic therapy. ACS applied materials & interfaces, 2019, 11 (51): 47730-47738.

[4] Wang M F, Hou Z Y, Al Kheraif A A, et al. Mini review of TiO_2-based multifunctional nanocomposites for near-infrared light-responsive phototherapy. Advanced healthcare materials, 2018, 7 (20): 1800351.

实验 3

微纳 Ni_6MnO_8 高性能锂离子电池电极材料的合成及性能研究

一、实验目的

1. 掌握自模板法合成微纳多孔金属氧化物球形粒子的制备方法和技能。

2. 掌握过渡金属氧化物作为锂离子电池负极材料的工作原理和性能优势。

3. 学习并熟练使用 X 射线衍射（XRD）仪、X 射线光电子能谱（XPS）仪、扫描电子显微镜（SEM）和透射电子显微镜（TEM）等对金属复合材料的晶体结构和形貌进行表征。

4. 掌握有关锂离子电池电化学性能的测试原理和实验方法。

5. 熟练掌握相关软件的使用、数据处理及分析。

二、实验原理

随着科学技术的进步，人们对能量的需求也越来越大。与此同时，不可再生能源的匮乏也越来越严重。加大风力、光、电等可再生能源的利用力度，开发新的能源、高效的能源系统，可达到提高资源利用率、解决能源危机、保护环境等战略目标。与传统的镍氢电池、镍钴电池等电池相比，锂离子电池凭借其优越的电容量、高稳定性、质量轻、无记忆效应等特点，成为近年来的研究热点。锂离子电池应用广泛，新能源汽车、便携式电子设备甚至是军用设备上都需以锂离子电池作为电源。

锂离子电池采用无机盐体系作为电解质，正极选用能够使锂离子嵌入和脱嵌的金属氧化物或硫化物，负极材料主要分为碳素材料和非碳素材料。相比铅酸电池或镍镉电池等传统的二次电池，锂离子电池主要具有以下优点：

① 无“记忆效应”。可以反复充放电使用，即使未完全放电，充电也不会影响其电容量。

② 容量大。储存能量密度大，是同等镍镉电池的两倍。

③ 质量轻。质量是镍氢电池的一半。

④ 工作电压高。锂离子电池工作电压为 3.6 V，远高于镍氢电池的 1.2 V。

锂离子电池的正极材料需要具有层状或隧状结构，以供锂离子的嵌入和脱嵌。锂离子电池的工作原理：充电时，锂离子与正极分离，通过电解质的输送，透过隔膜材料进入负极，然后被嵌入负极；放电时，锂离子的迁移过程刚好相反。充放电过程，就是锂离子在正负极之间进行嵌入和脱嵌移动的过程。锂离子电池在可逆充放电过程中，无金属锂析出，也无晶型的改变，只有锂离子在正、负极之间进行摇摆，因此也被称为“摇摆电池”。

锂离子嵌入负极的能力是影响锂离子电池电化学性能优劣的关键因素。锂离子电池的负极材料，主要分为碳素类、非碳素类。碳素负极材料包括碳材料、石墨材料、改性石墨等。非碳素负极材料主要包括过渡金属氧化物、锡的氧化物、非晶态锡基复合氧化物和含锂过渡金属氧化物等。石墨负极材料理论比容量低（372 mA·h/g），纯锂作负极材料虽然比容量高，但易生成锂枝晶导致短路，存在安全隐患。

为保证安全性能和高能量密度，锂离子电池的负极必须具备以下特性：①低的氧化还原电势，以使锂离子电池的输出电压充分高；②锂离子嵌入/脱嵌过程中，电极电位变化小，使电池具有稳定的工作电压；③可逆容量大，可以获得高的能量密度；④结构稳定性好，可使电池使用寿命长；⑤充放电后化学稳定性好，具有较高的安全性；⑥环境友好，绿色环保，废弃电池不对环境产生毒害或污染；⑦原料易得且成本低，便于大规模的生产。相比传统石墨，过渡金属氧化物有更高的容量和更优良的安全性，显示出卓越的吸引力，近年来，人们广泛地将其作为锂离子电池的负极材料。相比单一的金属氧化物，二元金属氧化物的物理/化学性能可调性更优异，能够提供更多的 Li^+ 储存容量。

过渡金属氧化物具有品种多、应用广、价格低廉的优点，其作为各类电化学器件的电极材料受到了广泛关注。锂离子负极材料有三种储能机制：嵌入/脱出型、合金型、转换型。过渡金属氧化物与 Li 化合物的电化学反应机理为过渡金属的氧化还原以及 Li 化合物的分解合成，属于转换型储能机制。由于过渡金属在充放电过程中参与氧化还原反应的电子较多，该类材料具有较高的理论比容量（500～1000 mA·h/g），且由于存在可变的晶格，还可提供更多的氧化还原位点。

纳米材料由于独特的表面效应和尺寸效应，在充放电过程中能够容纳由体积的变化而产生的应力，在充放电循环中能够尽可能地避免电极材料的粉碎、破裂现象。同时微纳米结构可以提供其纳米结构单元的协同效应和整体在微米大小的特征，从而产生比纳米样品更高的体积能量密度，因此避免了不可逆的容量损失，具有优越的锂存储性能。

模板法包括传统模板法和自模板法。传统模板法又分为软模板法和硬模板法。软模板法就是采用有机表面活性剂或高分子材料为模板，诱导孔结构的形成，但是软模板成型工艺复杂、不利于批量生产、产品尺寸均一度低。硬模板法则是先添加硬模板占据空间，后脱除模板从而产生孔洞，但在脱除硬模板时，目标壳层结构易于坍塌，同时硬模板法中所需要的模板材料难以获得，并不具有实际生产的意义。

自模板法是合成中空材料最易操作的方法。其合成过程：先合成微/纳米尺度模板，模板材料能够转变为壳层的前驱物或者直接作为壳层，再将模板转化为介孔空心结构。在传统模板法中，模板与前驱物之间相互作用的过程烦琐复杂，极大程度上限制了传统模板法的应用范围。若采用自模板法，由于前驱物和模板的功能由同一种材料承担，可以省去模板与前驱物之间相互作用的复杂过程。

自模板法的优点是操作简单、重复性高、环境友好、无需额外添加试剂、外壳厚度可调、形貌可控，更有利于投入实际操作和商业应用。迄今为止，已有多种单一组分氧化物的多孔材料采用该法制备出来。过渡金属氧化物价格低廉，理论容量高。其中，镍、锰安全无毒、价格低廉、电化学性能优越，是杰出的储能材料。而关于镍锰二元氧化物（NMO）在充放电循环中的团聚、粉化等，可以通过将材料变为微/纳尺寸而加以减轻。

三、实验原料与设备

1. 实验原料

聚四氟乙烯（A. R.），四水合氯化锰（A. R.），六氟磷酸锂（1 mol/L），碳酸钠（A. R.），碳酸乙酯/碳酸二甲酯溶液（体积比为 1∶1），醋酸镍（A. R.），聚丙烯多孔膜（Celgard 2300），无水乙醇（A. R.），去离子水等。

2. 实验设备

电子天平（1 台），手套箱（1 台），电热恒温干燥箱（1 台），电池测试系统（1 台），X 射线衍射仪（1 台），电化学工作站（1 台），集热式磁力搅拌器（1 台），多功能气体吸附仪（1 台），自动涂膜器（1 台），透射电子显微镜（1 台），高速离心机（1 台），扫描电子显微镜（1 台），真空干燥箱（1 台），手动切片机（1 台），超声波清洗器（1 台），X 射线光电子能谱仪（1 台），旋转蒸发仪（1 台）等。

四、实验步骤

1. NMO 电极材料的制备

首先，采用化学沉淀法制备碳酸锰（$MnCO_3$）前驱体。将 2.0013 g 四水合氯化锰（$MnCl_2 \cdot 4H_2O$）和 1.0707 g Na_2CO_3 分别溶于 80 mL 去离子水中。将 $MnCl_2$ 溶液滴加到 $NaCO_3$ 溶液中，搅拌 30 min 后，经离心收集沉淀并洗涤干净，转入 100℃真空干燥箱中干燥 7 h，即得 $MnCO_3$ 微纳米球。接着，分别将上述 $MnCO_3$ 前驱体和 2.0 g 醋酸镍[$Ni(AC)_2$]超声分散于 20 mL 无水乙醇中。反应 1 h 以后，旋转蒸发除去溶剂，并将所得镍锰二元氧化物（NMO）于 750℃真空干燥箱中下加热 12 h，冷却至室温待用。

2. NMO 电极材料的结构和形貌表征

利用 X 射线衍射（XRD）仪（λ=0.15406 nm，衍射靶为 Cu 靶）确定 NMO 样品的晶体结构；采用 X 射线光电子能谱（XPS）仪分析 NMO 样品的表面化学元素组成；通过透射电子显微镜（TEM）和扫描电子显微镜（SEM）观察 NMO 样品的微观结构和形貌；采用多功能气体吸附仪获取样品的氮气吸附-脱附曲线，分析 NMO 样品的比表面积和孔径大小。

3. 锂离子电池的组装和电化学性能测试

在充氩手套箱（H_2O 和 O_2 浓度小于 0.5 μg/mL）内组装扣式电池（CR2025 型）用于电化学性能测试。工作电极由 80%（质量分数）NMO、10% 炭黑和 10%聚四氟乙烯（PTFE）混合而成。对电极采用金属锂箔，电解液为含 1 mol/L 六氟磷酸锂（$LiPF_6$）的碳酸乙酯/碳酸二甲酯（体积比为 1∶1）溶液，隔膜采用 Celgard 2300 聚丙烯多孔膜。采用电池测试系统进行恒电流充放电测试，工作电压为 0.01～3.0 V。通过电化学工作站获取循环伏安（CV）曲线和电化学阻抗谱（EIS）。

五、实验结果与讨论

1. 记录 NMO 晶体形貌：________；产率：________；比表面积：______；孔径：________；放电比容量：________；最大倍率：________。

2. 记录 NMO 样品的 XRD 和 XPS 图谱，分析其晶体结构和元素组成。

3. 记录 NMO 样品的氮气吸附-脱附曲线，分析其比表面积和孔径分布。

4. 记录 NMO 样品的 SEM 和 TEM 图片，观测其形貌及尺寸。

5. 绘制 NMO 电池的 CV 曲线，判断 Li^+ 脱嵌过程的稳定性和可逆性。

6. 绘制 NMO 电池的循环和倍率性能曲线。

六、思考题

1. 对锂离子电池负极材料的要求有哪些？

2. 过渡金属氧化物作为锂离子电池的负极材料有哪些优点？

3. 微纳米级粒子的制备方法有哪些？至少举出三种。

七、参考文献

[1] Jiang H，Hu Y，Guo S，et al. Rational design of MnO/carbon nanopeapods with internal void space for high-rate and long-life Li-ion batteries. ACS Nano，2014，8 (6)：6038-6046.

[2] Zhang J，Yu A. Nanostructured transition metal oxides as advanced anodes for lithium-ion batteries. Science Bulletin，2015，60 (9)：823-838.

[3] Zhou H，Liu C. Progress in studies of the electrode materials for Li ion batteries. Progress in Chemistry，1998，10 (1)：85-92.

[4] Zhang Q，Wang W，James G，et al. Self-templated synthesis of hollow nanostructures. Nano Today，2009，4 (6)：494-507.

实验 4

富勒烯荧光纳米颗粒的制备及生物成像性能研究

一、实验目的

1. 了解荧光纳米材料的概念及性质。
2. 掌握富勒烯荧光纳米颗粒的合成原理及相应的实验操作技能。
3. 学习透射电子显微镜、X 射线光电子能谱仪、荧光光谱仪等仪器分析测试方法。
4. 掌握荧光量子产率的测试方法。
5. 熟练相关软件的操作，培养处理及分析相应数据的能力。

二、实验原理

迄今为止，光学成像、核磁共振成像（NMRI）和 X 射线计算机断层成像（X-CT）等生物成像技术已经取得了显著的进展。这些成熟的成像技术有能力将生物体内复杂的生理过程转化为简单直观的图像，从而帮助人们更好地了解生物的生理和代谢过程，理解疾病的发生和发展机制，实现对疾病早期的诊断和监测。作为一种能够在生物体内进行非侵入性、连续、快速探测的手段，生物成像技术具有显著优势。最重要的是，它对机体几乎没有任何毒副作用，可实现对癌症和其他疾病的诊断和监测。

随着光学成像技术和荧光标记技术的不断进步，生物光学成像正逐渐崭露头角，成为一项新颖的检测技术，其操作简单、成本低、灵敏度高，在生命科学和医学研究等领域得到广泛应用。随着各种功能性荧光探针的问世，荧光成像技术已逐渐发展为生物医学领域中至关重要的研究手段之一。荧光纳米材料是一种超微小材料，具有独特的光学性质，其尺寸至少有一维处于 1～100 nm 之间。由于其微小尺寸，这些材料可以通过扩散或内吞方式进入细胞，用作细胞荧光成像的探针。在活体动物中，纳米颗粒能够进入血液循环，从高渗透性的肿瘤血管中渗出，并在肿瘤区域富集，成为肿瘤诊断的有力工具。此外，通过纳米技术将荧光材料与治疗药物结合，可以开发出具有靶向性和多功能诊疗一体化的纳米颗粒，提供在疾病潜伏期间的多种生物信息，为更全面的医学诊疗提供支持。

由于其独特的结构、固有的物理化学性质和良好的生物相容性，碳基荧光纳米材料已被广泛应用于生物成像、传感器、光催化、光电子学等多个领域。随着它们展现出卓越的光致发光（PL）性能、高度的光稳定性、丰富的可修饰性，碳基荧光纳米材料被视为传统有机荧光团或半导体量子点的理想替代品。到目前为止，各种纳米结构的碳材料，如石墨烯、碳纳米管、富勒烯（C_{60}），都已得到开发。作为碳的第三种同素异形体，富勒烯以其高度对称的球形结构引起了广泛的关注和研究。凭借出色的电子接收能力以及较低的重组能，富勒烯的 S_0 态到 S_1 态的跃迁被强烈抑制，而从 S_1 态到 T_1 态的系间窜越（ISC）效率则极高（接近 100%），这导致富勒烯本体的荧光相对微弱，再加上固有的疏水性，进一步限制了它们在生物技术中的应用。为了解决这些问题，研究人员在设计和制造基于富勒烯的荧光纳米材料方面付出了大量精力。一方面，可以将金属原子或非金属团簇子内嵌进富勒烯内部空腔，改变其电子结构和光学性质，使富勒烯的发光颜色和强度发生变化，从而调控其光致发光性能。另一方面，外部碳笼官能化也被证实为一种实用的策略，通过扭曲或破坏富勒烯笼的电子对称结构，使原本被禁限的电子转变变得允许或概率增加，从而增大 S_1-T_1 能隙，进而实现了对其荧光性能的有效调控。范楼珍教授团队利用电化学方法成功制备出荧光超细 C_{60} 纳米粒子，其荧光量子产率为6%。随后，他们进一步研发了胺功能化的富勒烯醇纳米粒子，将量子产率提升至17%。这些经过优化的纳米粒子可作为高效的荧光细胞标记剂使用。因此，设计和制备具有强荧光、高水溶性的富勒烯基纳米材料，以应用于生物系统的传感、标记和成像，既是一项挑战，也是理想的选择。

叶酸（FA）是一种对健康至关重要的水溶性维生素，参与多种生理代谢过程，包括DNA合成、细胞分裂等。缺乏叶酸可能导致身体功能障碍或某些疾病，如贫血、心血管疾病、神经管缺陷等。因此，补充适量的叶酸对维持人体健康具有重要意义。更重要的是，叶酸与叶酸受体（FRs）之间存在着独特的亲和力。叶酸受体是一种在许多癌细胞膜上高表达的糖蛋白，这使得叶酸成为标记癌细胞的理想选择。基于叶酸受体与叶酸之间的这种特异性结合力，经过叶酸修饰的纳米材料已被广泛用作荧光标记剂，以实现对癌细胞的靶向成像。

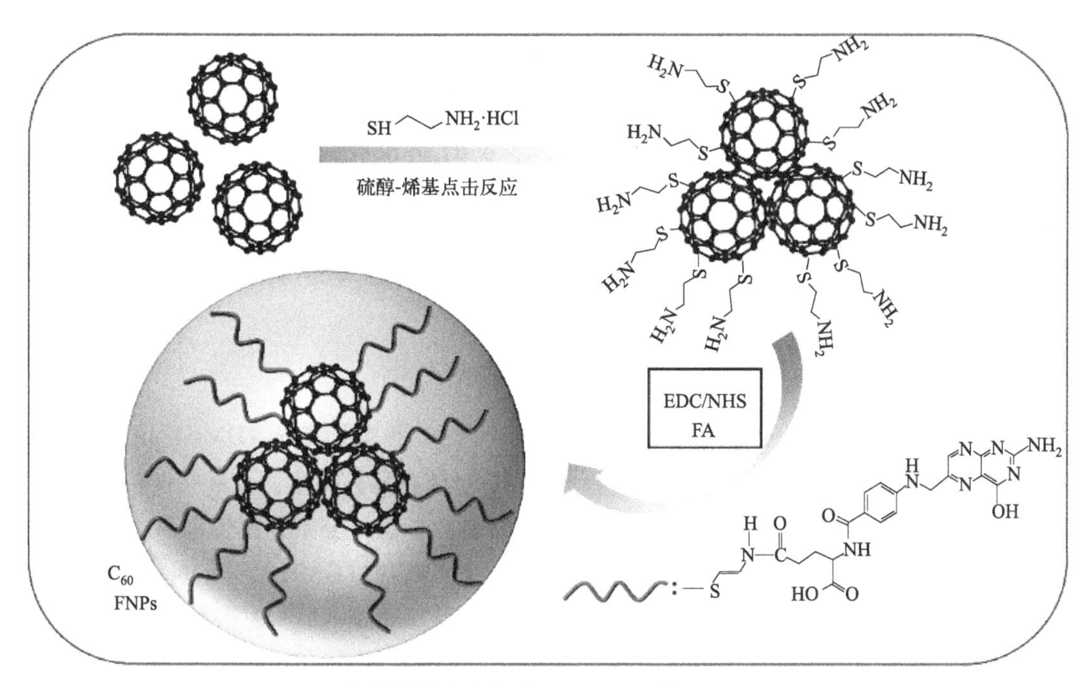

图1 富勒烯荧光纳米颗粒（FNPs）合成方法示意图

基于此，本实验采用两步法制备了富勒烯荧光纳米颗粒。如图1所示，首先利用硫醇-烯基点击反应，借助过氧化二异丙苯作为自由基引发剂，在富勒烯 C_{60} 碳笼上接枝大量的半胱胺盐酸盐。这一过程有效破坏了碳笼的对称性，显著提升了富勒烯纳米颗粒的光致发光性能。此外，引入的端氨基不仅可以提高 C_{60} 在水中的溶解度，还为下一步通过酰胺反应偶联叶酸分子提供了便利，借助叶酸与癌细胞膜上高表达的叶酸受体间的特异性结合力，最终实现肿瘤细胞的靶向成像。

三、实验原料与设备

1. 实验原料

富勒烯（A. R.），半胱胺盐酸盐（A. R.），过氧化二异丙苯（A. R.），叶酸（FA）（A. R.），1-乙基-(3-二甲基氨基丙基)碳酰二亚胺（A. R.），*N*-羟基琥珀酰亚胺（A. R.），磷酸二氢钾（A. R.），磷酸氢二钾（A. R.），氯化钠（A. R.），氯化钾（A. R.），罗丹明 B（A. R.），*N*,*N*-二甲基甲酰胺（A. R.），盐酸（1 mol/L），透析袋（3500 Da），无水乙醇（A. R.），DMEM 培养基，人宫颈癌细胞（HeLa），非洲绿猴肾成纤维细胞，超纯水等。

2. 实验设备

集热式磁力搅拌器（1 台），高速离心机（1 台），超纯水系统（1 台），分析天平（1 台），紫外-可见分光光度计（1 台），X 射线光电子能谱仪（1 台），荧光分光光度计（1 台），冷冻干燥机（1 台），透射电子显微镜（1 台），纳米粒度电位仪（1 台），真空干燥箱（1 台），激光扫描共聚焦显微镜（1 台），傅里叶变换红外光谱仪（1 台），冰箱（1 台），超声波清洗器（1 台），细胞培养箱（1 套）等。

四、实验步骤

1. 配制磷酸盐缓冲溶液（PBS，pH= 7. 4，0. 01 mmol/L）

称取 7. 9 g 氯化钠、0. 2 g 氯化钾、0. 24 g 磷酸二氢钾和 1. 8 g 磷酸氢二钾溶解于 800 mL 超纯水中，用 1 mol/L HCl 调节溶液的 pH 值至 7. 4，最后加超纯水定容至 1 L，保存于 4℃冰箱中备用。

2. 富勒烯荧光纳米颗粒（C_{60} FNPs）的制备

称取 100 mg 富勒烯（C_{60}）分散于 50 mL *N*,*N*-二甲基甲酰胺（DMF）中，超声处理 30 min 后，加入 0. 755 g 半胱胺盐酸盐和 0. 9 g 过氧化二异丙苯；在氮气保护下 120℃搅拌反应 48 h。所得溶液用截留分子量为 3500 Da 的透析袋，分别在超纯水和乙醇中透析 3 d，最终冷冻干燥获得 C_{60}-NH_2。然后，称取 40 mg 叶酸（FA）、4 mg *N*-羟基琥珀酰亚胺（NHS）和 8 mg 1-乙基-(3-二甲基氨基丙基)碳酰二亚胺（EDC）溶解于 15 mL PBS（pH＝7. 4，0. 01 mmol/L）中；在室温下活化 0. 5 h 后，加入 10 mg C_{60}-NH_2，于黑暗中室温搅拌反应 12 h。所得溶液用截留分子量为 3500 Da 的透析袋在超纯水中透析 3 d，以除去未反应的 FA、EDC 和 NHS，最终冷冻干燥收集富勒烯荧光纳米颗粒。

3. 纳米材料表征

采用透射电子显微镜（TEM）对产物的结构和形貌进行表征；利用纳米粒度电位仪检测产物在 37℃条件下的电势电位、尺寸及其粒径分布；通过配备 Al Kα 射线源

(1486.6 eV) 的X射线光电子能谱 (XPS) 仪分析产物的化学成分和价态；采用KBr压片法，将合成的材料样品与KBr固体混合均匀后研磨压成透明薄片，通过傅里叶变换红外光谱 (FTIR) 仪进行红外光谱扫描，扫描范围为4000～500 cm^{-1}；利用紫外-可见分光光度计和荧光分光光度计分别采集样品的紫外-可见吸收光谱和荧光发射光谱。

4. 荧光量子产率测试

荧光量子产率是指物质发射荧光的光子数与吸收的激发光的光子数之比，它表示物质发射荧光的能力。物质的荧光量子产率越高，其荧光强度越强。荧光量子产率的测定方法有多种，其中最常用的一种是相对荧光量子产率的测定，即通过比较标准品溶液和待测样品溶液的荧光光谱积分面积来计算待测样品溶液的荧光量子产率。本实验以罗丹明B的乙醇溶液为标准样品，其荧光量子产率为0.89。

分别配制合适浓度的罗丹明B/乙醇溶液和 C_{60} FNPs水溶液，确保它们的紫外吸收光谱在360 nm处的吸光度小于0.05，然后以360 nm作为激发波长，测量它们的荧光发射光谱，记录其在380～600 nm范围内的荧光光谱积分面积。根据以下公式计算 C_{60} FNPs的荧光量子产率。

$$\Phi_X = \Phi_{ST} \times (Grad_X / Grad_{ST}) \times (\eta_X^2 / \eta_{ST}^2)$$

式中，Φ 为荧光量子产率；下标ST和X分别表示标准样品和测试样品；Grad为荧光强度与吸光度积分曲线的斜率；η 为溶剂的折射率（水为1.333，无水乙醇为1.361)。

5. 细胞荧光成像

在共聚焦培养皿中，以每孔 5×10^4 个细胞的密度接种非洲绿猴肾成纤维细胞 (COS-7) 和人宫颈癌细胞 (HeLa)，加入2 mL DMEM培养基后，在37℃、5% CO_2 的细胞培养箱中培养24 h。吸出培养基，使用37℃预热的PBS清洗3次后，在每个孔中加入200 μL C_{60} FNPs (100 μg/mL) 溶液和800 μL DMEM培养基，共同孵育30 min。孵育完成后，用37℃预热的PBS彻底清洗细胞，以去除未被细胞内吞的 C_{60} FNPs。最后，在激光扫描共聚焦显微镜 (CLSM) 上对处理过的细胞进行共聚焦观察，选择激发波长为405 nm，对应的采集波长范围为410～445 nm，考察 C_{60} FNPs是否成功地与癌细胞结合并发出荧光。

五、实验结果与讨论

1. 产品外观：______；产品质量：______；荧光量子产率：______。
2. 记录TEM观察到的材料形貌特征和尺寸。
3. 记录纳米粒度电位仪获得的材料水合粒径、聚合物分散性指数 (PDI) 和Zeta电位。
4. 记录XPS图，分析材料的化学状态和元素组成。
5. 记录FTIR图，分析材料的分子结构特征。
6. 记录荧光发射光谱，并计算其荧光量子产率。
7. 分析CLSM获得的数据图片，并评价 C_{60} FNPs的靶向HeLa细胞成像能力。

六、思考题

1. 调控富勒烯光致发光性能的一般策略是什么？
2. 在材料合成中引入叶酸小分子的目的是什么？
3. EDC 和 NHS 活化羧基的原理是什么？反应时对 pH 有什么要求？

七、参考文献

[1] LeCroy G E，Yang S T，Sun Y P，et al. Functionalized carbon nanoparticles：Syntheses and applications in optical bioimaging and energy conversion. Coordination Chemistry Reviews，2016，320：66-81.

[2] Dreszer D，Szewczyk G，Szubka M，et al. Uncovering nanotoxicity of a water-soluble and red-fluorescent fullerene nanomaterial. Science of the Total Environment，2023，879：163052.

[3] Xie R B，Wang Z F，Fan L Z，et al. Highly water-soluble and surface charge-tunable fluorescent fullerene nanoparticles：Facile fabrication and cellular imaging. Electrochimica Acta，2016，201：220-227.

[4] Chen C，Ke J Y，Zhou X E，et al. Structural basis for molecular recognition of folic acid by folate receptors. Nature，2013，500：486-489.

[5] Fu S，Ma Y H，Zhang A Q，et al. Design and synthesis of highly fluorescent and stable fullerene nanoparticles as probes for folic acid detection and targeted cancer cell imaging. Nanotechnology，2021，32（19）：195501.

实验 5

水热法合成 $Zn_3(OH)_2V_2O_7 \cdot 2H_2O$ 纳米薄片及储锂性能研究

一、实验目的

1. 了解钒酸锌负极材料的储锂机制。

2. 掌握扣式锂离子电池的制作工艺。

3. 学习 X 射线衍射仪、拉曼光谱仪、扫描电子显微镜等金属复合材料晶体结构和形貌表征技术。

4. 学习常规锂离子电池电化学性能测试原理和方法。

5. 熟练掌握相关软件的使用、数据处理及分析。

二、实验原理

作为当今最通用的储能装置，电池发展历史悠久、种类多样，如传统的铅酸电池、镍镉电池、镍氢电池等。在众多的传统电池中，新兴的锂离子电池以其高能量密度、高工作电压、绿色安全等优点脱颖而出。因此，当今的智能手机、平板电脑等便携式电子设备多选择锂离子电池作为储能装置。

可充电二次锂离子电池主要由电解液、隔膜和电极三部分构成。在充放电过程中，锂离子在正、负电极之间往返运动传递电能，因此锂离子电池又称为摇椅式电池（rocking chair batteries），其代表性结构如图 1 所示。锂离子电池的理论比容量主要取决于所用的电极材料，其次是电解液组成、隔膜材料和电池的制造工艺。其中负极材料是影响锂离子电池性能的关键因素。

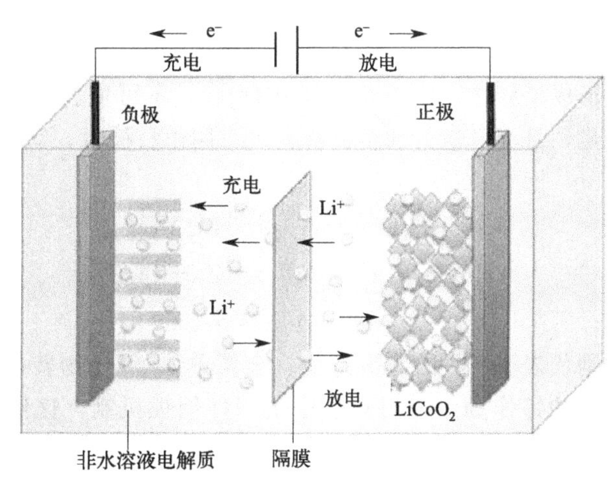

图 1　锂离子电池工作原理示意图

优良的锂离子电池负极材料应具备以下特征：

① 电极上发生的氧化还原反应电位应与金属锂的电极电势相近，确保有较高的输出电压；

② 电极反应中锂离子脱嵌数量要大，锂离子转移数量与能量密度成正比，保证电池具有较高的能量密度；

③ 电极结构稳定性强，不随锂离子的脱嵌、电极体积变化而改变；

④ 在充放电循环中，氧化还原的电位稳定，具有平稳的充放电平台；

⑤ 有较好的离子电导率和离子迁移数，电极极化程度小，电极内阻小。

锂离子电池最初的负极材料是金属锂，但在充电时，锂离子被还原为锂单质沉积于电极表面，称为锂枝晶。锂枝晶的不规则生长会刺破隔膜，导致电池短路，安全隐患较大。后来经过研究，选择了电极电势接近于金属锂且能允许锂离子可逆嵌入/脱出的石墨类碳作为负极材料。但在过度充电时，碳负极表面仍容易析出锂枝晶，刺破隔膜导致短路，进而引发严重的安全事故。而且，目前的商用碳材料还存在比容量低（372 mA·h/g）和倍率性能差等缺陷，这严重阻碍了其在大功率电器中的进一步使用。因此，亟须研制出电化学性能更好的新型锂离子电池负极材料来代替石墨负极。

基于反应机制，候选锂离子电池的负极材料主要分为三大类：

① 嵌入/脱出型。如碳类、TiO_2、WO_2、MoO_2、VO_2 等，其晶体结构中多存在可供锂离子附着的空隙，如一维隧道、二维片状或三维网状结构。锂离子脱嵌过程中，其晶体结构保持稳定，循环充放电后电极的体积膨胀率低。因此属于嵌入/脱出型机制的负极材料具有优异的循环稳定性，但其理论比容量会小于石墨负极。

② 合金型。锂（Li）是一种活泼金属，可与多数金属或非金属单质发生反应生成合金 Li_xM，M 可为硅基、锡基、锌基（如 SiO_2、Sb_2O_3、SnO_2、ZnO）等。由于反应可逆，生成合金的电位和锂电位接近，所以可用作负极材料。与其他负极材料相比，其具有比容量高、导电性好、可快速充放电、安全性高、易加工等优点。

③ 转换型。过渡金属氧化物在作为锂离子电池负极材料时，可以被 Li^+ 还原为金属单质，而生成的 Li_2O 可与金属单质逆反应变回 Li^+，这个可逆的氧化反应过程就是转换反应机制。由于过渡金属元素为高价态，且氧化还原过程中电子转移数量大，所以利用转换机制的负极材料比容量和能量密度均较高。

但过渡金属多为半导体，离子电子在电极中的扩散动力学较差，循环稳定性也较差，而且在首次充放电后形成了固体电解质界面（SEI）膜，不可逆容量损失较大。金属钒酸锌易制备、原材料充足，是极具潜力的负极材料。当用作负极时，锌钒酸盐的存储机理如下所示。

$$VO_x + yLi^+ + ye^- \rightleftharpoons Li_yVO_x$$

$$ZnO + 2Li^+ + 2e^- \rightleftharpoons Zn + Li_2O$$

$$Zn + xLi \rightleftharpoons Li_xZn$$

以上三个步骤分别代表了 Li^+ 的脱嵌过程、金属单质/氧化物转化过程和合金化反应过程。由此可发现，钒酸锌作为负极材料集中了三种储锂机制，这使其储锂性能更加优良，表现出高比容量和高能量密度的特点。在材料结构方面，钒酸锌材料由 Zn-O 层和 V-O 层交替组成，为锂离子脱嵌提供了更多的活性位点，钒氧无定形阵列也为结构的稳定性提供了支持。钒酸锌材料是极有潜力的负极材料。

本实验中，设计采用水热法合成 $Zn_3(OH)_2V_2O_7 \cdot 2H_2O$（ZVO）纳米薄片，通过改变反应时间控制纳米片的厚度，并测试了不同时间下产物作为锂离子电池负极材料的电化学性质；采用电化学交流阻抗谱（EIS）研究其扩散动力学性质，使 ZVO 材料在未来能够更加有针对性地进行改性，提高材料的电化学性能。

三、实验原料与设备

1. 实验原料

五氧化二钒（A. R.），乙炔黑（导电剂）（A. R.），六水合硝酸锌（A. R.），六氟磷酸锂（A. R.），十六烷基三甲基溴化铵（CTAB）（A. R.），聚四氟乙烯（A. R.），氢氧化钠（A. R.），碳酸乙烯酯/碳酸二甲酯混合液（体积比为 1∶1），去离子水，聚丙烯多孔膜（Celgard 2300）等。

2. 实验设备

电子天平（1 台），电池测试系统（1 台），电热恒温干燥箱（1 台），电化学工作站（1 台），X 射线衍射仪（1 台），拉曼光谱仪（1 台），集热式磁力搅拌器（1 台），扫描电子显微镜（1 台），自动涂膜器（1 台），热重分析仪（1 台），电热板（1 台），粉末压片机（1 台），真空干燥箱（1 台），手套箱（1 套），手动切片机（1 台）等。

四、实验步骤

1. ZVO 电极材料的制备

首先，称取 0.001 mol 五氧化二钒（V_2O_5）粉末和 0.006 mol 氢氧化钠（NaOH），加入 10 mL 去离子水中，搅拌溶解成无色溶液。称取 2 g 表面活性剂 CTAB 和 0.003 mol 六水合硝酸锌［$Zn(NO_3)_2 \cdot 6H_2O$］依次加入上述无色溶液后，再加入 20 mL 去离子水，在室温下搅拌 10 min 左右，直至溶液变得浑浊黏稠。将该浑浊溶液转移到一个 40 mL 不锈钢高压反应釜中，密封后放入恒温干燥箱中，在 180℃分别加热 5 h、10 h、24 h 后取出，自然冷却至室温。离心收集白色固体产物，再用去离子水洗涤数次后，置于 120℃真空干燥箱中干燥 24 h，即可获得 3 种 $Zn_3(OH)_2V_2O_7 \cdot 2H_2O$（ZVO）样品粉末，分别记为 ZVO-5、ZVO-10、ZVO-24。

2. ZVO 电极材料的结构和形貌表征

首先，采用 X 射线衍射（XRD）仪（λ=0.15406 nm，衍射靶为 Cu 靶）来确定样品物相为 $Zn_3(OH)_2V_2O_7 \cdot 2H_2O$。接着，采用拉曼光谱仪在 520 nm 激光下进行扫描，对样品的分子结构进一步分析。最后，用热重（TG）分析仪分析样品中的结晶水含量，并与理论值比较，升温速度为 10 ℃/min。

通过扫描电子显微镜（SEM）观察 ZVO 样品的微观结构和形貌，比较不同样品的形貌差异，并分析得出晶体的成形过程。

3. 锂电池电化学性能测试

通过将材料组装成扣式电池来评估其电化学性能。首先，裁剪圆片锂箔作为参比电极，再将样品粉末和乙炔黑（12%）、聚四氟乙烯（PTFE，8%）混合研磨制备正极。其次，配制含 1 mol/L 六氟磷酸锂的碳酸乙烯酯/碳酸二甲酯（EC/DMC，体积比为 1∶1）电解液，采用 Celgard 2300 聚丙烯多孔膜作为电池隔膜。然后，在充满氩气、无氧无水的手套箱中组装电池，组装顺序为正极壳、电极片、隔膜、锂片、垫片、弹片和负极壳。

将组装好的锂电池封口，静置备用。室温下，采用电池测试系统（CT2001A，5 V/10 mA）进行充放电测试。采用电化学工作站进行循环伏安（CV）测试、高电流循环放电测试及倍率性能测试。采用电化学阻抗谱（EIS）技术研究样品 ZVO-10 作为电池负极材料在第一次放电-充电过程中的扩散动力学变化。

五、实验结果与讨论

1. 记录所得 ZVO 晶体形貌：_______________；产率：______________；放电比容量：____________；库仑效率：_____________；最大倍率：_____________。
2. 记录 ZVO 样品的 XRD 衍射图和拉曼光谱图，分析其晶体结构。
3. 记录 ZVO 样品的 TG 曲线图，判断其化学反应的完成度。
4. 记录 ZVO 样品的 SEM 图片，观测其形貌及尺寸。
5. 绘制 ZVO 组装的电池的 CV 曲线，判断锂离子脱嵌过程中的稳定性。
6. 绘制 ZVO 组装的电池的恒电流充放电曲线和倍率变化曲线，评价其循环性能。
7. 记录 ZVO 组装的电池的电化学阻抗谱图，分析其扩散动力学变化。

六、思考题

1. 锂离子电池的优点有哪些？
2. 常见的锂离子电池的负极材料有哪些？
3. 写出钒酸锌作为负极材料的锂离子电池的电化学反应方程式。

七、参考文献

[1] Ye M H，Hu C G，Lv L X，et al. Graphene-winged carbon nanotubes as high-performance lithium-ion batteries anode with super-long cycle life. Journal of Power Sources，2016，305：106-114.

[2] Poizot P，Laruelle S，Grugeon S，et al. Nano-sized transition-metal oxides as negative-electrode materials for lithium-ion batteries. Nature，2000，407（6803）：496-499.

[3] Liang B，Liu Y P，Xu Y H. Silicon-based materials as high capacity anodes for next generation lithium ion batteries. Journal of Power Sources，2014，267：469-490.

[4] Sambandam B，Soundharrajan V，Song J J，et al. $Zn_3V_2O_8$ porous morphology derived through a facile and green approach as an excellent anode for high-energy lithium ion batteries. Chemical Engineering Journal，2017，328：454-463.

实验 6

多孔石墨烯的制备及电化学性能研究

一、实验目的

1. 了解双电层电容器的基本原理。
2. 掌握 KOH 活化制备多孔石墨烯的原理和方法。
3. 熟悉超级电容器的常规电化学测试方法。
4. 掌握相关软件的使用和数据处理及分析等。

二、实验原理

双电层电容器（是超级电容器的一种）是一种储能设备，其工作原理主要基于电荷在电极表面的物理吸附，形成电化学双电层。在双电层电容器中，当电压施加到电极上时，正、负离子会分别吸附在电极表面，形成一个正电荷层和一个负电荷层，这两个电荷层之间的区域就是所谓的“双电层”。电荷的储存就发生在这个双电层中，因此双电层电容器的电容量主要取决于电极表面积的大小和双电层的厚度。双电层电容器的电极材料通常需要具有高的比表面积，以提供足够的物理吸附位点。

在超级电容器中，碳材料具有高比表面积和优异的化学稳定性，因此成为超级电容器中应用最广泛的电极材料。近年来石墨烯作为一种新兴材料受到广泛关注。石墨烯是一种由碳原子组成的单层二维晶体结构材料，具有出色的导电性能、导热性能和机械强度。它是由石墨通过机械剥离、化学气相沉积等方法制备而成的，是一种单层厚度的碳原子排列的结构（见图 1）。在超级电容器中，石墨烯具有优异的电导率，有望提高超级电容器的倍率性能，使其能够更快速地存储和释放电能。此外，石墨烯的二维结构还赋予其较高的理论比表面积，有助于增加离子的活性吸附位点，从而提升超级电容器的比容量。

图 1　石墨烯的结构

本实验拟通过KOH化学活化法来制备多孔石墨烯。首先以石墨为原料通过Hummers法制备氧化石墨，再用KOH对其进行活化得到多孔石墨烯，最后评价制备的多孔石墨烯在超级电容器中的电化学性能。

Hummers法是一种实验室规模制备氧化石墨烯（graphene oxide，GO）的常用方法。该方法采用浓硫酸和高锰酸钾将石墨进行化学氧化，引入氧原子形成含氧基团，从而将石墨氧化成氧化石墨。由于氧化石墨上带有较多的含氧基团，层间距相较石墨大大增加，层间的范德华力作用被显著减弱，因此易于在水中分散形成单层或多层的氧化石墨烯。

超级电容器的电化学表征方法通常有：循环伏安（CV）法和恒电流充放电（GCD）法。理论上，双电层超级电容器的CV曲线是矩形的，通过CV测试可以评价超级电容器的比容量和倍率性能。通过CV曲线面积计算超级电容器的质量比容量 C_m 的公式如下：

$$C_m = \frac{\int I \mathrm{d}U}{2vm\Delta U} \tag{1}$$

式中，v 为扫描速率；I 为CV曲线中纵坐标对应的电流值；ΔU 为扫描电压范围；m 为电极质量。恒电流充放电测试也可以得到超级电容器的比容量和倍率性能，相比于循环伏安法，恒电流法测得的结果更接近实际应用场景。通过GCD测试得到的充电时间 t_c 或放电时间 t_d 可以计算得到超级电容器的单个电极的质量比容量 C_m：

$$C_m = \frac{4I_g\Delta t}{m(U - U_{drop})} \tag{2}$$

式中，I_g 为GCD测试中的恒定电流值；Δt 为放电时间；m 为电极总质量；$(U - U_{drop})$ 为放电过程电压变化值。

三、实验原料与设备

1. 实验原料

石墨粉（A. R.），四乙基四氟硼酸铵（99%），浓硫酸（98%），无水乙腈（99.5%），氢氧化钾（A. R.），去离子水，高锰酸钾（A. R.），过氧化氢（5%）等。

2. 实验设备

微波炉（1台），电化学工作站（1台），管式炉（1台），多功能气体吸附仪（1台），电动滚轴机（1台），扣式电池封口机（1台），真空干燥箱（1台），手动切片机（1台），分析天平（1台）等。

四、实验步骤

1. 氧化石墨的制备

将1 g石墨粉缓慢加入50 mL浓硫酸中，将反应体系置于0℃冰水浴中，分批次缓慢加入3 g高锰酸钾（注意：加入高锰酸钾的过程中反应体系可能会释放大量的热，需要缓慢加入高锰酸钾，同时不断搅拌均匀）。高锰酸钾加入结束之后，将反应体系静置在冰水浴中 30 min，待均匀混合后移除冰水浴，在常温下搅拌 24 h，反应结束之后，在冰水浴中缓慢加入 200 mL 去离子水稀释（注意：该过程会释放大量热，加水时要缓慢并充分搅拌，防止硫酸喷溅）。稀释完成后，缓慢滴加质量浓度为5%的过氧化氢（H_2O_2）水溶液并充分搅拌，此时溶液中会产生大量气体，待气体产生变缓或不产生气体时，将悬浊液离心分离保留沉淀物，用去离子水多次冲洗沉淀物以去除锰和硫酸。将清洗完的氧化石墨分散在去离子水中，用透析袋透析 3～5 d 以去除体系中残留的少量杂质离子。最终获得的氧化石墨在 60℃下烘干备用（注意：此处烘干温度不宜太高，否则会导致氧化石墨部分被还原）。

2. KOH 活化氧化石墨

将 500 mg 氧化石墨粉末分散在 500 mL 去离子水中，超声 5 h 从而获得氧化石墨烯分散液。将 100 mL 7 mol/L 的 KOH 水溶液缓慢滴加到氧化石墨烯分散液中。混合均匀后，通过聚碳酸酯滤膜对混合液进行过滤获得 KOH 和氧化石墨烯的混合物，然后将混合物在 65℃烘箱中干燥 24 h。称取 500 mg 干燥的 KOH 和氧化石墨烯混合物置于氧化铝刚玉舟中，在管式炉中以升温速度为 5 ℃/min 从室温加热至 800℃，保温 2 h。加热过程中管式炉通氮气或氩气保护，气体流量为 100 L/min。将获得的粉末分别用稀盐酸、去离子水和无水乙醇清洗并干燥，获得多孔石墨烯。通过氮气吸附-脱附测试分析多孔石墨烯的孔结构和比表面积。

3. 电极制备以及超级电容器的组装

① 电极片制备。取所制备的多孔石墨烯粉末 47.5 mg 于研钵中，加入 50 mg 质量分数为 5%的聚四氟乙烯（PTFE）水分散液，混合均匀后将其轧制成厚度约为 60～70 μm 的薄膜。最后，将薄膜切成直径为 10 mm 的圆片，称重后用油压机在 20 MPa 下压入 200 目钛网（直径为 14 mm），并在 100℃的真空烘箱中干燥 8～12 h。

② 电池组装。采用 CR2032 扣式电池来组装超级电容器。取两片质量接近的电极片作为正极和负极、玻璃纤维作为隔膜、300 μL 1 mol/L 的四乙基四氟硼酸铵的乙腈溶液作为电解液组装对称型超级电容器。

4. 超级电容器的电化学性能测试

① 循环伏安测试。将组装好的超级电容器连接上电化学工作站进行循环伏安测试，扫描速率分别为 20 mV/s、50 mV/s、100 mV/s、200 mV/s，在 0～2.6 V 电压范围内扫描 5 圈，最后选择其中一圈以电流密度与电压作图，计算不同扫描速率下材料的比容量。

② 循环性能测试。在电化学工作站上进行恒电流充放电测试，电压范围选择 0～2.6 V，电流密度为 8 A/g，测试该电极材料在不同圈数下的容量保持率等信息。

③ 倍率性能测试。测试电流密度为 1 A/g、2 A/g、3 A/g、5 A/g、10 A/g、15 A/g、20 A/g 下的充放电曲线，每个电流密度循环 10 圈，计算不同电流密度下的比容量，获得材料的倍率性能。

五、实验结果与讨论

1. 氧化石墨产量：__________；氧化石墨产率：__________；多孔石墨烯产量：________；多孔石墨烯产率：__________；多孔石墨烯比表面积：________；多孔石墨烯比容量：__________。

2. 对不同电流密度下多孔石墨烯的容量与循环次数作图，计算其容量保持率。

六、思考题

1. 多孔石墨烯的比容量受哪些因素影响？

2. KOH 与氧化石墨的比例对反应有何影响？如何调控 KOH 与氧化石墨的比例？

七、参考文献

[1] Zhang L L，Zhao X，Stoller M D，et al. Highly conductive and porous activated reduced graphene oxide films for high-power supercapacitors. Nano Letters，2012，12 (4)：1806.

[2] Wu S L，Su B Z，Sun M Z，et al. Dilute aqueous-aprotic hybrid electrolyte enabling a wide electrochemical window through solvation structure engineering. Advanced Materials，2021，33：2102390.

实验 7

MXene 的制备、表征及抗菌性能研究

一、实验目的

1. 熟悉并掌握过渡金属碳/氮化物（MXene）的制备过程及其原理。
2. 熟练掌握 MXene 材料的结构和性能表征手段。
3. 了解 MXene 材料的性能和使用途径。
4. 掌握相关软件的使用和数据处理及分析等。

二、实验原理

1. MXene 背景介绍

二维（2D）过渡金属碳/氮化物（MXene）材料是当前最受关注的二维材料之一，具有优异的导电性，以及良好的柔韧性、拉伸强度和抗压强度等性能。此外，MXene 具有良好的亲水性和丰富的表面基团。自 2011 年首次报道以来，MXene 在光热、储能、催化等领域展现出巨大的潜能。MXene 材料主要由三元碳化物或氮化物（MAX 相材料）选择性刻蚀而成。在 MAX 相材料中，M 层和 X 层之间的结合较强，可以选择性腐蚀其中的 A 层，得到 MXene 材料。图 1 为 MXene 反应过程中材料结构变化示意图。目前，MXene 材料的刻蚀已经比较成熟，常见于文献报道的有氢氟酸（HF）、氢氧化钠（NaOH）等刻蚀试剂。最近，Li 等使用熔融的氯化铜（$CuCl_2$）成功刻蚀了 MAX 相材料。此外，为了将刻蚀得到的多层 MXene 材料进一步剥离成为单层的 MXene 材料，开发了多种插层方法。2013 年，Masotaur 等使用二甲基亚砜（DMSO）作为插层剂，成功得到了单层/少层的 MXene 片；2014 年，Ghidiu 等采用氟化锂（LiF）和盐酸（HCl）作为刻蚀试剂，同时用锂离子（Li^+）作为插层剂，得到了“黏土”（clay）状 MXene 材料；Halim 等还将氟化铵用作刻蚀试剂，制备了透明的 MXene 薄层；2015 年，Naguib 等首次采用四丁基氢氧化铵（TBAOH）作为插层剂，将风琴状 MXene 材料大规模分层。

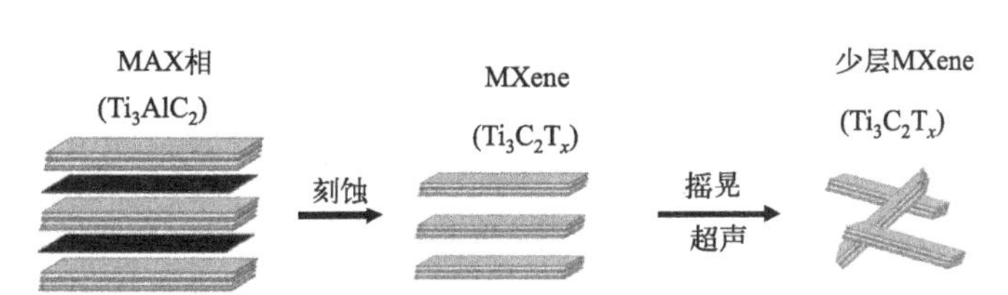

图 1　MXene 反应过程材料结构变化示意图

2. MXene 的应用前景

（1）电容材料

作为类石墨烯材料，电学性能对 MXene 材料来说是最早、最受关注的研究方向。MXene 的电化学性能的来源：在水电解质中，表面过渡金属与官能团形成氧化还原活性位点，通过层间水合阳离子插层的方式形成双电层，进而形成赝电容以储存电荷；在非水电解质中，则通过氧化还原反应使阳离子和表面基团发生电荷转移而形成赝电容。大量实验证实 Mxene 材料具有优异的电学性能，储能性能优越，可用于制备超级电容器。Xin 等人通过理论计算 Nb 类 MXenes 材料电容和功函数，证明其应用于正极材料时理论电容可达 1828.4 F/g，可以突破石墨烯材料的电容限制。

MXenes 材料的活性位点数量主要取决于元素组成、比表面积、表面官能团种类等因素。因此，改变制备方法、表面改性、插层、剥离等手段均可增强 MXenes 的电学性能。Ghidiu 等人利用盐酸（HCl）和氟化锂（LiF）混合溶液刻蚀制得的 $Ti_3C_2T_x$ 电容量高达 900 F/cm^3，远高于以 HF 刻蚀制得的碳化钛（Ti_3C_2）；Bao 等人采用真空冷冻干燥工艺制备的 Ti_3C_2 具有多孔结构，作为电极材料在高浓度 NaCl 溶液中的比容量达到 156 F/g，且具有优秀的循环稳定性；Lian 等人使用氢氧化钾（KOH）溶液对 Ti_3C_2 进行碱化处理，可以将其剥离重组为三维多孔交联型结构，有效增大层间距以加速层间的离子扩散过程，提升可逆电容量至 168 mA·h/g；Dall 等人对 $Ti_3C_2T_x$ 进行剥离分层处理，导致其电容量在 2 mV/s 时由 415 F/cm^3 上升至 520 F/cm^3；Yang 等人使用制备的氮掺杂 Ti_3C_2 作为电极材料，在浓度为 6 mol/L 的 NaOH 溶液中测定比容量达到 266.5 F/g。

（2）催化材料

二维材料，例如石墨烯材料，具有优异的化学、物理性能，可作为催化剂或催化剂载体。但是，石墨烯制备烦琐且成本较高，不适于实际应用。具有类石墨烯二维结构的 MXenes 材料具有表面亲水性、化学稳定性、成本较低等特点。此外，MXenes 材料由于含有过渡金属元素如 Ti 等，被视为一种理想的催化材料。通过负载催化剂，能有效提升催化剂化学稳定性、环境稳定性、活性位点再生能力及多种特殊反应，进而增强催化剂性能。Zhang 等人利用密度泛函理论模拟计算了表面附着有单原子 Ti 的层状 Ti_2CO_2 材料催化氧化 CO 的反应过程，发现 Ti_2CO_2 可以一直改变 Ti 原子的内聚合趋势，并与氧原子紧密结合（4.83 eV），再通过 O_2 结合 CO，不仅增加催化剂 Ti 活性范围内的 CO 含量，而且降低了反应能垒，从而提升材料的催化效果。Zhou 等人以原位生长法制备 CeO_2/Ti_3C_2 纳米复合材料，实验测定氧化铈（CeO）均匀分散在 MXene 表面，对罗丹明染料（RhB）的光催化降解脱色率达到 75%，是 CeO 的 3 倍。

此外，部分 MXenes 材料本身也具有一定的催化能力。Zhang 等人利用密度泛函理论计算了 Ti_2CO_2 单分子膜和纳米带的载流电子迁移率，发现其 X 方向电子迁移率为 6.11×10^2 $cm^2/(V\cdot s)$，空穴迁移率为 7.41×10^4 $cm^2/(V\cdot s)$，为 Y 方向迁移率的 3 倍，且在具有各向异性的同时，空穴迁移率比电子迁移率高出两个数量级；而且，单层 Ti_2CO_2 还原 CO_2 的能垒仅为 0.53 eV，远低于其他无机盐催化剂，理论上拥有较好的光催化性能。

（3）吸附材料

MXenes 作为类石墨烯二维材料，具有比表面积大、表面官能团丰富、亲水等特性，理论上具有一定的吸附能力，这促使研究者尝试利用 MXenes 去除水体污染物。Zhang 等人通过吸附热力学、动力学以及模拟计算等手段研究了 Ti 基 MXene 材料对金属阳离子的吸附原理，证明吸附作用主要依靠 MXene 表面官能团与金属阳离子结合。这种结合过程因 MXene 本身比表面积大及亲水性得以充分进行，并且可通过表面改性被进一步强化。2014 年 Peng 等研究了碱化插层 Ti_3C_2 对铅离子的吸附效果，发现碱化插层 Ti_3C_2 在 pH 值为 5～7 时拥有优秀的吸附能力，吸附容量达到 140 mg/g；而 2015 年 Ying 等人通过实验证明 Ti_3C_2 对 Cr^{4+} 吸附容量可达 250 mg/g，之后又发现 V_2CT_x 拥有比常规无机纳米材料更优的吸附铀离子（U^{4+}）能力，吸附容量达到 174 mg/g。此外，表面改性可使 MXenes 具有吸附阴离子的能力，如 Zhang 等人利用磁性铁氧化物颗粒改性的 Ti_3C_2 中大量进入 MXene 层间的氧化铁颗粒与水体中磷酸根结合，从而获得吸附阴离子效果，吸附容量达到 2400 mg/g。

（4）抗菌材料

MXenes 是一个快速发展的 2D 材料家族，自 2016 年以来，其抗菌应用一直是重点研究的领域之一。并且 MXenes 与其他有机和无机材料的杂交可以产生具有更好的生物灭活性的材料，用于不同的应用，如用于伤口敷料和净化水。MXenes 灭活细菌的主要机制包括 MXenes 纳米片的锋利边缘破坏细菌膜、产生活性氧（ROS）和光热灭活细菌。

2018 年 Masoud Soroush 等人研究发现 MXene 薄片尺寸越小，对细菌的损害越大，尤其是当暴露时间变长时。考虑到细菌细胞壁的平均厚度（20～50 nm），MXene 薄片的锋利边缘（约 1 nm 厚）很有可能穿过细菌膜并到达细胞质 DNA，损伤细菌。此外，通过减小 MXene 薄片的横向尺寸，增加锋利边缘的数量，可以使 MXene 薄片更有效地切割细菌膜。

2020 年 Weili Hong 等人证明了 Ti_3C_2 与光热治疗结合对 15 种细菌（革兰氏阳性和革兰氏阴性细菌）和抗生素耐药细菌（ARB）均有广谱抗菌作用。此外，他们还发现 Ti_3C_2 与光的结合可以通过破坏完整的结构来有效地根除细菌生物膜，并杀死生物膜中的细菌。他们还证明了 MXene 的抗菌机理，发现 MXene 主要通过插入、接触细菌和光热作用等物理损伤杀灭细菌。

3. Mxene 的制备原理

利用腐蚀剂处理 MAX 材料，选择性破坏其中脆弱的 M—A 金属键以刻蚀主族元素 A 可以得到多层堆叠状的 MXenes 材料。2011 年 Yury Gogotsi 团队首次使用 HF 为腐蚀剂，在室温下刻蚀 MAX 材料 Ti_3AlC_2，制得了 MXenes 材料 Ti_3C_2。反应方程式如下所示：

$$Ti_3AlC_2 + 3HF = AlF_3 + 3/2H_2 + Ti_3C_2 \quad (1)$$

$$Ti_3C_2 + 2H_2O = Ti_3C_2(OH)_2 + H_2 \quad (2)$$

$$Ti_3C_2 + 2HF = Ti_3C_2F_2 + H_2 \quad (3)$$

之后，通过相同工艺成功制得 V_2CT_x、Mo_2CT_x 和 $Ta_4C_3T_x$ 等多种 MXenes 材料。但是，由于用到强腐蚀性 HF，整个制备过程较为烦琐且危险，这促使研究人员探寻更安全的腐蚀剂用以刻蚀制备 MXenes 材料。2014 年 Ghidui 等人成功使用 HCl 和 LiF 作为腐蚀剂刻蚀制得了 Ti_2CF_2，反应方程式如下所示：

$$Ti_2AlC + 6LiF + 3HCl = Ti_2C + Li_3AlF_6 + 3LiCl + 3/2H_2 \quad (4)$$

$$Ti_2C+2H_2O \longrightarrow Ti_2C(OH)_2+H_2 \quad (5)$$

$$Ti_2C+2LiF+2HCl \longrightarrow Ti_2CF_2+2LiCl+H_2 \quad (6)$$

这种制备方法所用试剂较直接用 HF 更为安全，且整体反应步骤更加简单。

本实验采用 LiF 和 HCl 反应产生 HF 进行刻蚀 Ti_3AlC_2，生成产物 MXene。这样合成的 MXene 在微观结构上具有更薄的层片结构、更宽的层间距，可以结合更多的 Li^+ 而大幅度提升其电容性能。此外，产物粉末在水化后转变为黏土状，可通过塑形干燥制备如薄膜等任意形状的固体。

三、实验原料与设备

1. 实验原料

氟化锂（99%），氢氟酸（A. R.），盐酸（12 mol/L），超纯水，钛碳化铝（99%，400 目），细菌培养皿，蛋白胨（B. R.），酵母浸膏（B. R.），琼脂（B. R.），氯化钠（A. R.）等。

2. 实验设备

集热式磁力搅拌器（1 台），台式高速离心机（1 台），超纯水系统（1 台），聚四氟乙烯反应釜（1 个），氮气瓶（1 个），分析天平（1 台），核磁共振仪（1 台），超声波清洗器（1 台），扫描电子显微镜（1 台），纳米粒度电位仪（1 台），高压灭菌锅（1 台），超净台（1 台），808 nm 激光器（1 台）等。

四、实验步骤

1. Ti_3AlC_2 的刻蚀

采用刻蚀-剥离两步法制备少层或单层 $Ti_3C_2T_x$。首先用量筒量取 30 mL 盐酸（12 mol/L），用天平称量 2.78 g 氟化锂（LiF）于反应釜内衬中，放入搅拌磁子，打开搅拌，恒温油浴锅温度调至 25℃，反应 5 min。再将称好的 1.5 g 钛碳化铝（Ti_3AlC_2）在 5 min 内加入反应釜内衬中，利用 LiF 和 HCl 反应产生的氢氟酸（HF）对 Ti_3AlC_2 进行刻蚀。刻蚀过程相比于直接使用氢氟酸更缓和。将温度升至 45℃，反应 36 h。反应结束后，利用台式高速离心机离心（10000 r/min）反应溶液 1 min，用滴管吸出上清液，然后加入超纯水洗涤沉淀。该操作重复数次，直到上清液 pH 为中性，再加入超纯水后溶液会突然变黏稠，此时刻蚀处理完成。

2. Ti_3AlC_2 的剥离

将离心好的溶液取 10 mL 于 1 号离心管中，其余溶液倒于玻璃瓶中。向玻璃瓶中通入氮气并进行超声，超声温度控制在 30℃以下。超声 15 min 后，用滴管吸取 10 mL 溶液于 2 号离心管，然后再超声 15 min。同样，分别取出 10 mL 于 3、4、5、6 号离心管中，超声不同时间（30 min、1 h、2 h、3 h）。然后，利用台式高速离心机离心（3500 r/min）溶液 1 h，并用滴管吸取上层墨绿色溶液，置于玻璃瓶中。拟通过控制超声时间，控制剥离材料的层数和尺寸。

3. 形貌与结构表征

采用扫描电子显微镜（SEM）观察 MXene 薄膜的微观形貌；采用激光照射溶液，若观察到溶液里出现一条光亮的“通路”，则说明获得的材料是胶体；将 $Ti_3C_2T_x$ 胶体溶液稀释后，利用纳米粒度电位仪检测 $Ti_3C_2T_x$ 片层的尺寸分布和表面电势；采用核磁共振仪测试不同超声时间条件下 $Ti_3C_2T_x$ 的裂分程度。

4. $Ti_3C_2T_x$ 光热性能测试

在 1.5 mL 离心管中加入一定浓度（100 μg/mL、50 μg/mL、25 μg/mL）的 $Ti_3C_2T_x$ 溶液 1 mL，通过近红外激光（808 nm，1.5 W/cm）照射 10 min，研究 $Ti_3C_2T_x$ 的光热性能；使用红外热成像系统实时记录温度升高值和热图像。

5. $Ti_3C_2T_x$ 的抗菌表征

（1）细菌培养

液体培养基配制方法：按照比例将蛋白胨、酵母浸膏和 NaCl 混合溶解，高压 115℃下灭菌 30 min，自然冷却后放在 4℃冰箱保存备用。

固体培养基配制方法：按照比例将蛋白胨、酵母浸膏、NaCl 和琼脂混合溶解，高压 115℃下灭菌 30 min，当灭菌锅温度降到 60℃左右时将培养基倒入细菌培养皿中，约 20 mL/板，在超净台中过夜冷却后放在 4℃冰箱保存备用。

冻存菌株融化后，在固体培养基上画线，放入恒温培养箱在 37℃下培养，使之长出新的菌落。然后，从固体培养基上挑取新活化的单菌落，接种于液体培养基中，在 37℃、180 r/min 摇床中振荡培养 9 h 左右，直到对数生长后期可用。

（2）平板抑菌法

取对数生长期的大肠杆菌菌液稀释至 10^7 CFU/mL，取 100 μL 稀释后的菌液加入 96 孔板内，并在有菌液的孔中分别加入灭菌水和相应浓度 $Ti_3C_2T_x$ 水溶液（100 μL/孔），分为空白组、对照组和光照组。将 96 孔板放入 37℃、120 r/min 摇床中孵育 30 min，取出 96 孔板使用激光器给予光照组混合菌液激光照射（808 nm，1.5 W/cm），照射 10 min。随后菌液进行梯度稀释，稀释至 10^5 CFU/mL，取 100 μL 稀释好的菌液，使用滚珠法涂板，24 h 后菌落计数。每板设置 3 组平行对照，通过下述公式计算对比平板上的菌落数量来评估材料的抗菌能力。

$$\text{CFU 减少率}=(F_0-F)/F_0$$

式中，F_0 为空白组的菌落数；F 为对照组或光照组的菌落数。

五、实验结果与讨论

1. 记录并分析 MXene 溶液的丁铎尔效应。

2. 记录并分析 SEM 观测到的 MXene 前驱体和超声处理不同时间（15 min、30 min、60 min、120 min、180 min）之后的材料的形貌特征和尺寸。

3. 记录并分析 MXene 在超声处理不同时间（15 min、30 min、60 min、120 min、

180 min）后的水合粒径和 Zeta 电位。

4. 分析 MXene 的液晶性能。

5. 记录并分析不同浓度 MXene 的光热性能与抗菌活性。

六、思考题

1. MXene 的粒径和 Zeta 电位主要受哪些因素影响？

2. MXene 的丁铎尔效应如何产生？

3. 阐述 MXene 的抗菌机理。

七、参考文献

[1] Borysiuk V N，Mochalin V N，Gogotsi Y. Molecular dynamic study of the mechanical properties of two-dimensional titanium carbides $Ti_{n+1}C_n$（MXenes）. Nanotechnology，2015，26（26）：265705.

[2] Zha X H，Yin J S，Zhou Y H，et al. Intrinsic structural，electrical，thermal，and mechanical properties of the promising conductor Mo_2C MXene. Journal of Physical Chemistry C，2016，120（28）：15082-15088.

[3] Chen J，Huang Q，Huang H，et al. Recent progress and advances in the environmental applications of MXene related materials. Nanoscale，2020，12（6）：3574-3592.

[4] Naguib M，Kurtoglu M，Presser V，et al. Two-dimensional nanocrystals produced by exfoliation of Ti_3AlC_2. Advanced Materials，2011，23（37）：4248-4253.

[5] Mashtalir O，Naguib M，Mochalin V N，et al. Intercalation and delamination of layered carbides and carbonitrides. Nature Communications，2013，4：1716-1722.

[6] Li G N，Tan L，Zhang Y M，et al. Highly efficiently delaminated single-layered MXene nanosheets with large lateral size. Langmuir，2017，33（36）：9000-9006.

[7] Li Y B，Shao H，Lin Z F，et al. A general Lewis acidic etching route for preparing MXenes with enhanced electrochemical performance in non-aqueous electrolyte. Nature Materials，2020，19：894-899.

[8] Ghidiu M，Lukatskaya M R，Zhao M Q，et al. Conductive two-dimensional titanium carbide 'clay' with high volumetric capacitance. Nature，2014，516：78-81.

[9] Halim J，Lukatskaya M R，Cook K M，et al. Transparent conductive two-dimensional titanium carbide epitaxial thin films. Chemistry Materials，2014，26（7）：2374-2381.

[10] Naguib M，Unocic R R，Armstrong B L，et al. Large-scale delamination of multi-layers transition metal carbides and carbonitrides "MXenes". Dalton Transactions，2015，44（20）：9353-9358.

实验 8

水溶性富勒烯纳米颗粒的合成及抗氧化性能研究

一、实验目的

1. 进一步了解富勒烯纳米材料的结构及性质。
2. 掌握水溶性富勒烯纳米颗粒的合成原理及相应的实验操作技能。
3. 学习透射电子显微镜、X 射线光电子能谱仪等纳米材料结构表征手段。
4. 掌握评估材料抗氧化性能的 1,1-二苯基-2-三硝基苯肼（DPPH）法。
5. 熟练相关软件的操作及相应数据分析处理。

二、实验原理

富勒烯是一种典型的具有闭笼结构的零维碳基纳米材料，由多个 sp^2 杂化碳原子构成的五元环和六元环组合而成，呈现出球体或椭球体的外形。富勒烯的碳原子总数决定了其五元环和六元环的数量。C_{60} 是富勒烯家族中最简单的球形分子，由 12 个五元环和 20 个六元环组成，具有高度的对称性，拥有 120 种对称操作。这种对称的共轭结构赋予了富勒烯独特的物理化学特性。当受到较大的诱导应变，π 轨道会发生重新杂化，使碳原子间的化学键介于 sp^2 和 sp^3 之间，因此它们参与化学反应的能力更高（相对于石墨而言），反应的驱动力是富勒烯碳笼张力的降低。更值得注意的是，其 π 轨道在分子外部的延伸远超过在分子内部的延伸，展现出显著的不对称性。这种特殊结构赋予了富勒烯三大特性：电子亲和性、三维芳香性和空心笼状空间。富勒烯作为三维的准球形分子，具有多个潜在的反应位点，这使得它成为嫁接多种功能团的理想选择。通过简单的化学反应，如 Bingel 反应和 Prato 反应，可以在其碳笼外表面成功连接各种不同的官能团。自 1985 年以来，富勒烯及其衍生物在各个研究领域引起了广泛的关注和探索，在纳米医学、药物传递、化妆品、催化以及有机太阳能电池等领域具有广泛的应用前景。

尤其值得一提的是，由于富勒烯的高电子亲和性，它们被誉为“自由基海绵”，具有高效淬灭活性氧（ROS）的能力。ROS 包括羟基自由基（·OH）、超氧自由基阴离子（O_2^-·）、单态氧（$^1O_2$）和过氧化氢（H_2O_2），这些物质被视为氧化应激的媒介，与衰老和多种慢性或急性疾病紧密相关。因此，抗氧剂在治疗由 ROS 引发的疾病和参与的生物过程中具有重要的价值。候选药物在水中的溶解度是进行体外和体内试验，以及后续生物医学应用时的重要考量因素之一。相较于疏水性的富勒烯，水溶性富勒烯衍生物自问世以来，有关其生物活性的研究成果层出不穷。研究表明，富勒烯及其衍生物具有抗氧化特性。它们能在体内和体外有效地淬灭自由基，减少了促炎性细胞因子的表达和释放，从而抑制了过度炎症和细胞因子风暴，减轻氧化应激，因此被视为预防和治疗疾病的候选药物。如 2 型糖尿病、帕金森病、阿尔茨海默病等疾病的分子发病机制包括自由基的形成。

原则上，可以通过三种方法来克服富勒烯与水之间的斥力，进而提升其在水中溶解度：①利用长期超声处理，通过溶剂萃取直接生成富勒烯胶体聚集体；②利用非共价方式，如氢键、π-π 堆积或静电作用，来增溶富勒烯；③利用含有—OH、—COOH 或—NH_2 等亲水基团的功能分子对富勒烯进行化学修饰。然而，对于纳米 C_{60} 悬浮液，有机溶剂的副产物可能会引发毒性，因此需要高功率超声和彻底的清洗过程。而常见的增溶剂，如 γ-环糊精（γ-CDx）、多糖或脂质体，虽然能通过非共价偶联将富勒烯包裹起来形成主客体复合物，但高浓度疏水性客体富勒烯的溶解度仍是一个挑战。目前，外部官能化是合成水溶性富勒烯衍生物最常用的方法。多羟基富勒烯（富勒烯醇）已被广泛研究，其毒性和生物医学功能与富勒烯碳笼上修饰的羟基数量及其方式密切相关。

受贻贝蛋白质黏附性的启发，聚多巴胺（PDA）已成为设计和制造各种多功能材料的先驱涂层材料。PDA 结构中含有大量的邻苯二酚和一、二级胺，使 PDA 几乎可以黏附任何类型的材料，形成一层 PDA 膜，而无需考虑其成分、尺寸和形态，整个过程只需将基底与多巴胺在弱碱性水溶液中混合一段时间即可。除了强大的结合亲和性外，PDA 涂层还为后续构建多功能材料提供了一个活跃的中间平台。通过迈克尔加成反应或希夫碱反应，带有亲核基团（如胺和硫醇）的化合物可以共价固定在 PDA 涂层材料上。这一特性使得 PDA 成为引入多种功能分子的理想选择，从而在化学、材料和生物领域展现出令人振奋的应用前景。可以利用 PDA 涂层与丰富水溶性聚合物来改性碳纳米管（CNT）、氧化石墨烯（GO）、纳米金刚石以及富勒烯，从而制备出分散性良好且生物相容性高的理想碳基纳米材料，为潜在的生物医学应用奠定基础。

基于此，本实验采用两步法合成水溶性富勒烯纳米颗粒，并对其抗氧化性能进行了评估。如图 1 所示，首先利用多巴胺的自发聚合对 C_{60} 进行修饰，生成 C_{60}-PDA 复合物。随后，通过迈克尔加成反应，将含硫醇的内源性生物活性寡肽谷胱甘肽（GSH）共价固定在 PDA 修饰的 C_{60} 上。与原始的 C_{60} 相比，PDA 的强黏附性和 GSH 的亲水性使 C_{60}-PDA-GSH 纳米粒子具有良好的水溶性和生物相容性。1,1-二苯基-2-三硝基苯肼（DPPH）自由基是一种极其稳定的氮中心自由基，其稳定性主要来源于三个苯环的共振稳定作用和空间障碍，这使得中间的氮原子上的不成对电子无法发挥其应有的电子成对作用。由于 DPPH 自由基在 300～400 nm 波长处具有强烈的吸收特性，它在溶液中呈现深紫色。当它被中和后，会转变为无色或浅黄色。通过这一特性能够直观地监测反应过程。通过记录 DPPH 自由基在 520 nm 处的吸光度值变化，可以分析水溶性富勒烯衍生物的自由基清除效果。

三、实验原料与设备

1. 实验原料

富勒烯（A. R.），多巴胺盐酸盐（A. R.），三(羟甲基)氨基甲烷（A. R.），乙二胺四乙酸（A. R.），碳酸氢钠（A. R.），无水乙醇（A. R.），盐酸（1 mol/L），氢氧化钠（0.1 mol/L），透析袋（3500 Da），超纯水，谷胱甘肽（A. R.），1,1-二苯基-2-三硝基苯

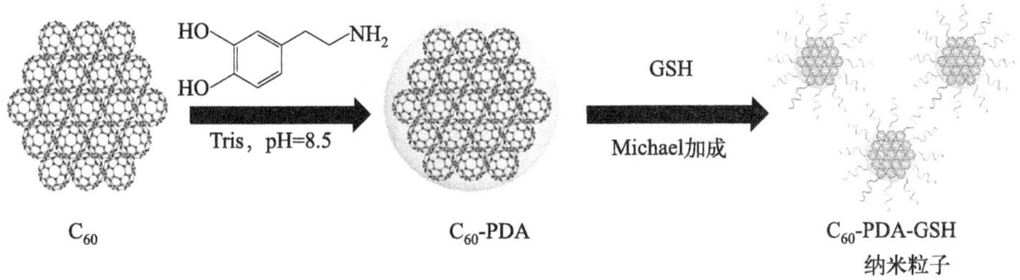

图 1 水溶性 C_{60}-PDA-GSH 纳米颗粒合成方法示意图

肼（A. R.）等。

2. 实验设备

集热式磁力搅拌器（1 台），高速离心机（1 台），超纯水系统（1 台），分析天平（1 台），紫外-可见分光光度计（1 台），X 射线光电子能谱仪（1 台），傅里叶变换红外光谱仪（1 台），冷冻干燥机（1 台），透射电子显微镜（1 台），动态光散射分析仪（1 台），真空干燥箱（1 台），显微拉曼成像光谱仪（1 台），冰箱（1 台），超声波清洗器（1 台）等。

四、实验步骤

1. 透析袋的活化

称取 6 g 碳酸氢钠（$NaHCO_3$）和 87 mg 乙二胺四乙酸（EDTA）溶解于 300 mL 超纯水中，后放入 4 个长度在 15～20 cm 的透析袋，加热煮沸 10 min 后，用超纯水反复冲洗 3 次。然后称取 87 mg EDTA 溶解于 300 mL 超纯水中，将冷却后的透析袋放入，再煮沸 10 min，用超纯水反复冲洗 3 次。最后，将上述活化好的透析袋浸泡在超纯水中，放入 4℃冰箱冷藏备用。

2. 配制 Tris 缓冲溶液

称取 1.211 g 三(羟甲基)氨基甲烷（Tris）超声溶解于 800 mL 超纯水中，用 1 mol/L 的 HCl 调节溶液 pH＝8.5，后定容到 1000 mL，用锡箔纸包裹避光后，放入 4℃冰箱中冷藏储存。

3. C_{60}-PDA-GSH 纳米颗粒的制备

称取 100 mg 富勒烯（C_{60}）超声分散于 30 mL Tris 缓冲溶液（10 mmol/L，pH＝8.5）中，加入 200 mg 多巴胺盐酸盐，避光室温搅拌 10 h，将得到的产物在 8000 r/min 的转速下离心 10 min，得到的沉淀依次用超纯水和无水乙醇洗涤至上层清液无色，在 40℃下真空干燥 12 h，得到固体 C_{60}-PDA 产物。然后，称取 50 mg C_{60}-PDA 和 100 mg 谷胱甘肽（GSH）分散在 25 mL 0.1mol/L 氢氧化钠（NaOH）溶液中，室温搅拌 12 h，得到的棕红色溶液经 0.22 μmol/L 水溶性滤膜过滤后，装入截留分子量为 3500 Da 的透析袋中透析至溶液呈中性，最终冷冻干燥，得到固体 C_{60}-PDA-GSH。

4. 纳米材料表征

采用透射电子显微镜（TEM）对产物的结构和形貌进行表征；利用动态光散射分析仪检测产物在 37℃条件下的电势电位、尺寸及其粒径分布；利用配备 Al Kα X 射线源（1486.6 eV）的 X 射线光电子能谱（XPS）仪分析产物的化学成分和价态；采用 KBr 压片法，将合成的材料样品与 KBr 固体混合均匀后研磨压成透明薄片，通过傅里叶变换红外光谱（FTIR）仪对样品进行红外光谱扫描，扫描范围为 4000～500 cm^{-1}；利用显微拉曼成像光谱仪对样品进行拉曼光谱测试，激发波长为 532 nm；利用紫外-可见分光光度计测量 1,1-二苯基-2-三硝基苯肼（DPPH）与样品在 520 nm 的吸光度。

5. DPPH 法评估自由基清除能力

用无水乙醇配制 0.1 mmol/L 的 DPPH 溶液，避光保存。将 C_{60}-PDA-GSH 样品用超纯水稀释至不同浓度（25 mg/L、50 mg/L、100 mg/L、150 mg/L、200 mg/L）。取 1 mL C_{60}-PDA-GSH 样品溶液及 1 mL DPPH/乙醇溶液在黑暗中共同孵育 30 min。然后，分别记录这系列试样在 520 nm 波长处的吸光度（检测波长范围为 200～800 nm，扫描速率为 600 nm/min）。根据以下公式计算样品对 DPPH 的自由基清除率（%）：

$$I=1-(A_i-A_j)/A_c$$

式中，A_i 是样品与 DPPH 混合后的吸光度；A_j 是纯样品水溶液的吸光度；A_c 是纯 DPPH 乙醇溶液的吸光度。

五、实验结果与讨论

1. 产品外观：__________；产品质量：__________；自由基清除率：__________。
2. 记录 TEM 观察到的材料形貌特征和尺寸。
3. 记录动态光散射分析仪获得的材料水合粒径、聚合物分散性指数（PDI）和 ζ 电势。
4. 记录 XPS 谱，分析材料的表面元素及其化学状态。
5. 记录 FTIR 仪和显微拉曼成像光谱仪检测的光谱图，分析材料分子结构特征。
6. 根据 DPPH 的数据结果评价材料的自由基清除能力。

六、思考题

1. 水溶性富勒烯的常用制备方法有哪些？
2. PDA 的结构特点是什么？它在材料合成中是如何发挥作用的？
3. DPPH 法评估材料自由基清除能力的原理是什么？

七、参考文献

[1] Goodarzi S，Ros T D，Conde J，et al. Fullerene：Biomedical engineers get to revisit an old friend. Materials Today，2017，20 (8)：460-480.

[2] Jia W，Wang C R，Bai C L，et al. Recovering intestinal redox homeostasis to resolve systemic inflammation for preventing remote myocardial injury by oral fullerenes. Proceedings of the National Academy of Sciences，2023，

120：e2311673120.

[3] Zhang X Y，Ma Y H，Zhang，A Q，et al. Facile synthesis of water-soluble Fullerene（C_{60}） nanoparticles via mussel-inspired chemistry as efficient antioxidants. Nanomaterials，2019，9：1647.

[4] Sun Z Z，Wang C R，Zhen M M，et al. Metal-free peroxidase-mimetic nanocatalysts for chemodynamic vascular-disrupting cancer therapy. Advanced Healthcare Materials，2023，12：2301306.

[5] Lee H，Dellatore S M，Messersmith P B，et al. Mussel-inspired surface chemistry for multifunctional coatings. Science，2007，318：426-430.

实验 9

含氮交联聚合物衍生氮掺杂多孔碳的制备及其超电性能研究

一、实验目的

1. 了解超级电容器相关的基本知识和工作原理。
2. 了解超级电容器常用碳材料的种类以及多孔碳材料的合成手段。
3. 巩固以聚合物为前驱体材料通过热处理制备碳材料的合成工艺。
4. 掌握碳材料的结构表征与电化学性能测试方法。

二、实验原理

超级电容器（又称电化学电容器）是一种高效的能量存储设备，通过在电极和电解质界面上物理吸附或电化学形成界面双层来存储电能，如图 1 所示。此外，某些超级电容器通过赝电容机制，如电极材料的氧化还原反应，来提供额外的电荷存储能力。这种复合的储能机制允许超级电容器在提供大电流的同时，保持较高的能量和功率密度。超级电容器不仅结合了传统电容器的快速充放电能力和电池的高能量密度特点，还展示出独特的电化学特性。与常规电容器相比，超级电容器通过使用高比表面积的电极材料，显著提高能量存储能力。它们通常在需要快速能量脉冲的应用（如电动汽车的加速和再生制动系统、电力调节等）中扮演关键角色。超级电容器的主要优势包括较低的内部电阻、高的充放电速率和长达数万次的循环寿命等。

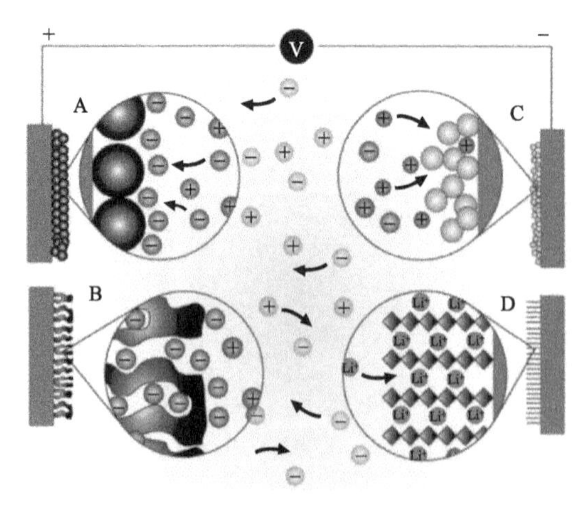

图 1　电容器的储能机制示意图

基于碳颗粒（A）和多孔碳（B）电极的双电层电容；基于 RuO_2 类材料的氧化还原赝电容（C）；嵌入型赝电容（D）

在超级电容器中，电极材料的选择对其性能起决定性影响。其中，碳材料因其出色的导电性、循环稳定性、低成本和高比表面积而成为理想的电极材料选择。碳基电极材料在超级电容器中的应用，不仅依赖于其电化学稳定性和优异的导电性，还依赖于它们的微观结构和表面化学性质。活性炭是最常用的电极材料之一，主要通过物理吸附和解吸附机制储存电荷，其高孔隙率和比表面积使其能够提供大量的电荷存储位点。石墨烯和碳纳米管则因其独特的一维或二维结构，提供了更高的电导率和机械强度，使它们在机械应力下保持结构完整性，这对可重复充放电的应用来说至关重要。

多孔碳材料的研发是超级电容器领域的重要进展之一。这类材料具有特殊的微观和介观孔结构，可以提供极高的比表面积（每克可达数千平方米），从而为电荷存储提供更多空间。合成多孔碳材料的方法有很多种，包括模板法、直接炭化法和活化法等。其中，模板法利用特定的模板物质来形成所需的孔隙结构；直接炭化法则将有机前驱体直接转化为碳材料；活化法，尤其是化学活化法，主要通过使用化学试剂对碳前体进行处理，产生具有特定孔径分布和高比表面积的多孔结构。多孔碳材料的孔隙结构不仅增加了其比表面积，还提供了优化的离子传输通道。这些通道对于电解质离子的快速迁移至关重要，从而提高了电容器的充放电速率。此外，通过改变孔径大小、形状和分布来优化孔隙结构，以进一步改进其电化学性能。例如，有序多孔碳材料（如介孔碳）通过提供规则的孔隙网络，降低离子传输阻力。研究表明，在此基础上，向碳材料的骨架中引入氮元素，不仅可以增强碳材料的电化学活性，还可展现新的化学和物理特性。例如，氮原子掺杂能有效改变碳材料的表面电荷分布，从而影响电解质离子的吸附和解吸。这种改变有助于优化电解质界面的电化学特性，从而提高电容器的能量和功率密度。此外，通过引入不同类型的氮官能团（如吡啶氮、吡咯氮或石墨氮）来实现氮掺杂，有助于提高超级电容器的比容量和循环稳定性。通过精细控制氮掺杂的类型和程度，可以进一步优化超级电容器的综合性能。

鉴于此，本实验拟采用二乙烯基苯（DVB）和4-乙烯基吡啶（VP）为单体，利用溶剂热反应合成含氮的交联聚合物前驱体；调控前驱体与氢氧化钾（KOH）的混合比例，经高温下同步活化-炭化处理后制得氮掺杂多孔碳材料。采用X射线衍射（XRD）仪、拉曼（Raman）光谱仪、透射电子显微镜（TEM）等先进仪器表征碳材料的物相组成及微观结构等信息，并利用电化学工作站分别在三电极和两电极体系下研究其电容特性。

三、实验原料与设备

1. 实验原料

二乙烯基苯（A.R.），浓盐酸（A.R.），4-乙烯基吡啶（A.R.），导电炭黑（电池级），偶氮二异丁腈（A.R.），聚偏二氟乙烯（A.R.），乙酸乙酯（A.R.），*N*-甲基吡咯烷酮（A.R.），氢氧化钾（A.R.），异丙醇（A.R.），无水乙醇（A.R.），聚四氟乙烯（A.R.），去离子水（A.R.）等。

2. 实验设备

集热式磁力搅拌器（1台），台式高速离心机（1台），超纯水系统（1套），电子天平

（1台），管式炉（1台），分析天平（1台），X射线衍射仪（1台），超声波清洗器（1台），拉曼光谱仪（1台），真空干燥箱（1台），透射电子显微镜（1台），电动辊压机（1台），傅里叶变换红外光谱仪（1台），比表面积和孔隙度分析仪（1台），热重分析仪（1台），电化学工作站（1套），扣式电池封口机（1台），压片机（1台），高压反应釜（1套），鼓风干燥箱（1台）等。

四、实验步骤

1. 含氮聚合物前驱体（PDVB-VP）的合成

将0.065 g的偶氮二异丁腈（AIBN）溶解在25 mL乙酸乙酯中，然后加入4 mL二乙烯基苯（DVB）和1 mL 4-乙烯基吡啶（VP），室温下剧烈搅拌3 h。然后，将混合液转移到高压反应釜中，并在120℃下保持24 h。反应完成后，收集大块白色凝胶产物。将其置于通风橱中，在室温下静置过夜，使溶剂自然挥发。随后，将其置于80℃真空干燥箱中干燥24 h，得到的前驱体样品记为PDVB-VP。

2. 氮掺杂多孔碳（NHPC-*x*）的合成

取一定质量的PDVB-VP与氢氧化钾（KOH）混合研磨（PDVB-VP与KOH的质量比分别为1∶2、1∶3、1∶4），并加入适量无水乙醇和去离子水充分混合搅拌，如图2所示。待溶剂挥发以后，将混合物转入真空干燥箱中，在110℃条件下干燥12 h。随后，将其置于管式炉中，在氩气气氛下700℃环境中保温2 h。冷却至室温后，分别用大量稀释后的盐酸（3 mol/L）、去离子水和无水乙醇充分洗涤样品，经离心分离后，在80℃真空干燥箱中干燥12 h，收集样品记为NHPC-x（x为加入KOH的质量分数）。上述凡涉及高温高压等危险性实验操作，须有专人全程监督指导。

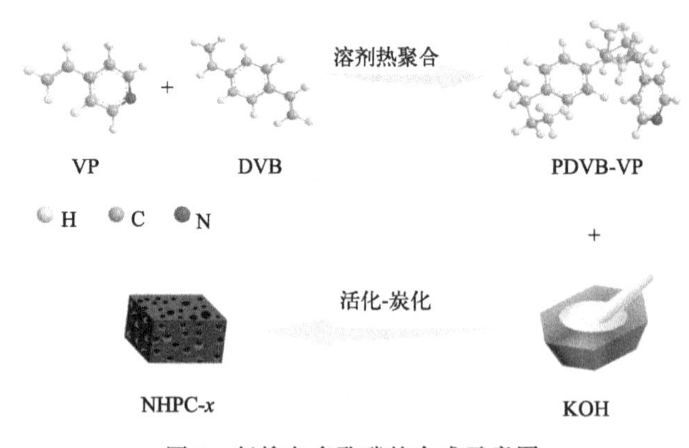

图2 氮掺杂多孔碳的合成示意图

3. 结构表征

利用TEM观察复合物（PDVB-VP、NHPC-x）的微观形态和内部结构（尤其孔结构）。利用傅里叶变换红外光谱（FTIR）仪表征样品中有机相的化学组成及含氮聚合物前驱体的结构，采用溴化钾压片法，分辨率为16 cm^{-1}，次数为64次。利用XRD仪分别确定 PDVB-VP 和 NHPC-x 的化学组成及结晶性，扫描范围（2θ）为 5°～80°，扫描速率为 10°/min。利用拉曼（Raman）光谱仪分析样品中碳的石墨化和缺陷化程度。利用热重分析（TGA）仪表征 PDVB-VP 和 NHPC-x 的分解温度及质量变化，反应条件设定在氮气气氛下，由室温以 10 ℃/min 的升温速率加热至 700℃。利用比表面积和孔隙度分析仪测定液氮温度下样品的氮气吸附-脱附曲线，分析测试前，样品需经过预处理：脱气处理 24 h，温度为 150℃。

4. 电化学性能测试

① 三电极体系。以 Ag/AgCl 电极为参比电极、铂电极为对电极、活性材料制作的极片为工作电极、3 mol/L H_2SO_4 溶液为电解液进行三电极测试。其中工作电极的具体制作流程如下：将碳布清洗后裁成小片（1 cm×2 cm）作集流体；以 8∶1∶1 的质量比，分别称取活性物质、导电炭黑（SP）、黏结剂聚偏氟二乙烯（PVDF）于研钵中混合研磨，然后加入适量的 N-甲基吡咯烷酮（NMP）制成均匀的浆料后均匀涂覆在碳布上（面积约为 1 cm^2），转入真空干燥箱干燥 12 h。使用压片机将干燥好的极片表面压实并称重，计算并记录每个极片的活性物质载量。

② 两电极体系。按照质量比 8∶1∶1 分别称取适量的活性物质、导电炭黑和黏结剂（聚四氟乙烯，PTFE），在研钵中混合均匀。随后，逐滴加入异丙醇使混合体系呈橡皮泥状，并使用辊压机将其压制成约 1 mm 厚的长条形薄膜，真空干燥一夜。随后使用切片机将膜切成直径为 5 mm 的圆形极片，称重并记录。

使用切片机将纤维素膜切成直径为 16 mm 的圆片作隔膜，将浓硫酸稀释至 3 mol/L 作电解液。如图 3 所示，按照自下而上的顺序组装扣式超级电容器器件，每次电解液的用量以 1～2 滴为宜，器件组装完成以后在封装机上进行压合封装，静置陈化 24 h 后进行相关电化学测试。

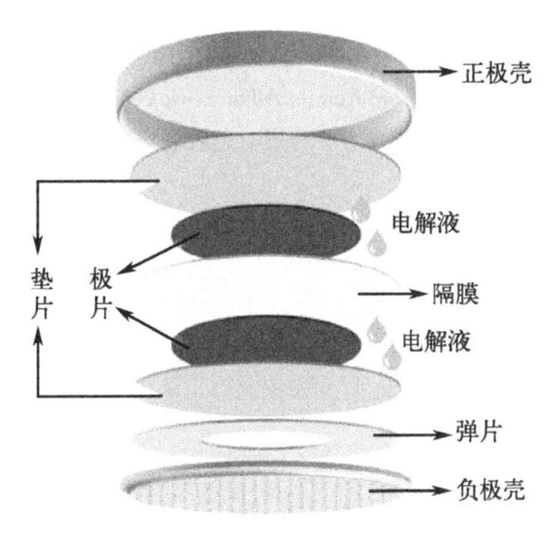

图 3　扣式超级电容器器件的组装示意图

本实验采用电化学工作站对 NHPC-x 系列样品进行三电极体系以及对称型（两电极体系）超级电容器器件测试，测试内容包括：

① 循环伏安（CV）测试：循环伏安测试的扫描速率范围为 5～200 mV/s，电压范围为 0～1.0 V。

② 恒电流充放电（GCD）测试：恒电流充放电测试的电流密度范围为0.5～20 A/g，电压范围为0～1.0 V。

③ 电化学阻抗谱（EIS）测试：测试交流电压幅值为5 mV，测试频率为10^{-1}～10^{5} Hz。

五、实验结果与讨论

1. 记录分析含氮交联聚合物前驱体的产量、颜色、形状以及其残炭率。

2. 记录分析氮掺杂多孔碳的化学组成、结晶性、微观形貌、石墨化程度、等温吸附-脱附曲线、比表面积、孔径分布、循环伏安曲线、恒电流充放电曲线、电化学阻抗谱及长循环充放电测试曲线等。

六、思考题

1. 试分析本实验制备的碳材料呈现多孔结构的原因。

2. 试比较超级电容器和普通充电电池的异同，分析超级电容器有何优势。

3. 使用三电极系统测量材料电化学性能中，各电极的作用分别是什么？

七、参考文献

[1] Simon P, Gogotsi Y, Dunn, B. Where do batteries end and supercapacitors begin? Science, 2014, 343 (6176): 1210-1211.

[2] Wang H, Shao Y, Mei S L, et al. Polymer-derived heteroatom-doped porous carbon materials. Chemical Reviews, 2020, 120 (17): 9363-9419.

[3] Mei P, Kaneti Y V, Pramanik M, et al. Two-dimensional mesoporous vanadium phosphate nanosheets through liquid crystal templating method toward supercapacitor application. Nano Energy, 2018, 52: 336-344.

[4] Liu X. F, Luo R, Mei P, et al. Surfactant-directed engineering of hierarchical porous heteroatom-doped carbons for high-energy supercapacitors. Energy Technology, 2020, 8 (12): 2000690.

[5] Luo R, Wan Z W, Mei P, et al. Cross-linked copolymer-derived nitrogen-doped hierarchical porous carbon with high-performance lithium storage capability. Materials Advances, 2022, 3 (16): 6636-6642.

[6] 刘旭斐. 聚酰亚胺衍生氮掺杂碳基电极材料的可控合成与超级电容性能. 武汉：中南民族大学，2022.

实验 10

碳纳米材料的合成及碱性对称电容器电化学性能的研究

一、实验目的

1. 了解超级电容器的工作原理和材料科学在超级电容器中的应用。
2. 了解超级电容器常见电极材料的种类和特点。
3. 掌握多孔碳材料的基本种类、结构特点和常见合成方法。
4. 掌握超级电容器的组装过程和电化学性能测试。

二、实验原理

超级电容器因其功率密度高、循环寿命长和工作原理简单而受到广泛关注，在能源存储领域发挥关键作用。区别于二次电池的氧化还原反应机理，超级电容器的充放电过程基于电解质离子在电极表面的物理吸附和脱附过程进行能量存储和释放。因此超级电容器在储能过程中不发生化学变化，其充放电过程为物理过程，因而具有非常优异的长循环稳定性。同时超级电容器具有优异的环境适应能力，其工作温度范围可以达到－40～70℃，能适用于各种工作场所。超级电容器的工作原理与传统平板电容器的电荷积累机理相似，充电过程中，在外加电压条件下，电解液中的正、负离子会因为静电相互作用而被吸附在正、负极和电解液界面两侧形成累积的电荷层即双电层进而完成能量存储，因此典型的超级电容器也被称为双电层电容器。由于超级电容器存储容量（比容量）的大小主要依赖于电极材料与电解液接触的面积，因此电极材料是决定超级电容器性能的关键组成之一。电极材料的物理性质如比表面积、孔隙率、导电性，以及电解质厚度和电解质介电常数等，也都会影响双电层超级电容器的电化学性能。

相比于二次电池，双电层超级电容器存在的最大缺点是其能量密度较低，提高电极材料的比容量是改善超级电容器电化学性能的关键。基于双电层超级电容器的电荷存储原理，目前常用的电极材料主要以大比表面积和高电子导电性的碳纳米材料为主，如石墨烯、碳纳米管、活性炭和多孔碳等。相比于高制备成本的碳纳米管和石墨烯，多孔碳材料具有良好的物理化学稳定性、高比表面积、可调的孔结构、高电子导电性、低成本、环保和资源丰富等优点，是目前商用超级电容器主要电极材料。多孔结构一般包括微孔（＜2 nm）、介孔（2～50 nm）和大孔（＞50 nm）三种。当碳材料的孔径大小与电解液离子（去溶剂化离子）的尺寸相相近时，其比容量最高。微孔可为离子吸附与存储提供丰富的活性位点，介孔可作为离子扩散和传输的通道，而大孔可作为离子缓冲空间，因此设计具有合适比例的微/介/大孔的分级多孔碳材料能显著提高其电化学性能。

提高碳材料的比容量的另一种方法是引入结构缺陷（空位和边缘）和表面杂原子

（O、N、P、S、F 和 B 等）掺杂，通过缺陷过程改善碳材料的电子导电性、电解液浸润性以及诱导产生赝电容等。在碳材料中掺杂杂原子（尤其是氮原子）可以引入法拉第反应，增加其赝电容贡献，进而提高其比容量。因此，这种电容器也可以称为赝电容电容器。常见的合成方法是以富氮有机物为前驱体，通过造孔过程和高温炭化得到氮掺杂多孔碳材料，但是高温热处理过程可能会导致多孔结构的坍塌。另一种形成多孔碳材料的方法是模板法，如以二氧化硅和分子筛等为模板可以精确控制碳材料的比表面积和孔结构，但是模板法不仅成本高，制备过程复杂，而且在后处理中还需要引入强酸或强碱等以通过腐蚀过程去除模板，处理工艺复杂。在各种有机物前驱体中，壳聚糖含有丰富的富氮氨基基团，能通过适当的高温炭化过程和造孔处理得到孔结构丰富的氮掺杂多孔碳材料。基于此，本实验使用壳聚糖作为前驱体，通过引入与壳聚糖具有良好相容性的聚乙二醇（PEG）调控孔结构，通过改变壳聚糖和 PEG 的含量能够调控高温炭化过程中碳材料的孔结构和比表面积；进一步引入碳酸钾进行造孔，得到具有不同比表面积和孔径分布的氮掺杂多孔碳材料，并将其用作电极材料组装对称型电容器，进而测试其在碱性电解液中的电化学性能。

三、实验原料与设备

1. 实验原料

壳聚糖（A. R.），去离子水（A. R.），聚乙二醇（PEG）（A. R.），碳酸钾（K_2CO_3）（A. R.），无水乙醇（A. R.），盐酸（HCl）（A. R.），乙酸（A. R.），异丙醇（A. R.），乙炔黑（A. R.），聚四氟乙烯（A. R.）等。

2. 实验设备

水热反应釜（1 台），台式高速离心机（1 台），电热恒温鼓风干燥箱（1 台），电子天平（1 台），磁力搅拌器（1 个），箱式马弗炉（1 台），X 射线衍射仪（1 台），真空干燥箱（1 台），扫描电子显微镜（1 台），透射电子显微镜（1 台），拉曼光谱仪（1 台），N_2 吸脱附测试仪（1 台），切片机（1 台），自动涂布机（1 台），扣式电池封口机（1 台），手套箱（1 台），电化学工作站（1 台），充放电测试仪（1 台）等。

四、实验步骤

1. 多孔碳材料的制备

首先配制乙酸和水的混合溶液，具体步骤：2 g 乙酸溶解在 100 mL 去离子水中，在 50℃下磁力搅拌 2 h 得到均匀的溶液。然后分别称取 3.5 g 壳聚糖和 1.5 g PEG 加入上述制备的乙酸/水混合溶液中，常温下继续搅拌直至溶液混合均匀。再在鼓风干燥箱中烘干溶剂得到固体产物，将干燥后的产物放置于瓷舟内，在氩气（Ar）保护下，以 5℃/min 的升温速率升温到 600℃炭化 2 h，自然冷却至室温。

将上述炭化后的粉末进一步采用碳酸钾进行造孔，通过调控 K_2CO_3 的含量来调控碳材料的孔结构，具体步骤：将粉末与 K_2CO_3 按照 1∶2、1∶3 和 1∶4 的质量比研磨混合，然后将混合物放置在瓷舟内，在 Ar 气氛环境下，以 5℃/min 的升温速率升温到 800℃，保温 2 h，自然冷却至室温；采用 1 mol/L HCl 溶液和去离子水洗涤产物至中性 pH，经过抽滤分离后再在 60℃的真空干燥箱中真空干燥过夜，最终得到产物，分别命名为 PC-1、PC-2 和 PC-3。

2. 多孔碳材料的结构和形貌表征

采用 X 射线衍射（XRD）仪对产物进行晶体结构和晶型分析，扫描速度为 5°/min，衍射角扫描范围为 10°～80°。采用拉曼光谱仪对多孔碳材料的石墨化程度和缺陷程度进行表征。采用扫描电子显微镜（SEM）和透射电子显微镜（TEM）对产物的微观结构进行分析，观察不同放大倍数下产物的形貌特征。采用 N_2 吸脱附测试仪分析碳材料的比表面积（BET）和孔径分布（BJH）。

3. 超级电容器的组装

① 电极制备。将制备好的氮掺杂多孔碳材料与乙炔黑（导电剂）、聚四氟乙烯（黏合剂）按照质量比为 8∶1∶1 在玛瑙研钵中研磨混合均匀，逐步加入适当异丙醇使其混合成泥状后，使用手摇压片机将其压制成厚度为 0.5～1 mm 薄膜，然后将擀制成功的薄膜在 80℃烘箱中烘干 12 h。使用切片机将上述电极膜裁切成为直径为 5 mm 的圆形极片，并称重计算每个极片活性物质的质量。

② 对称电容器的组装。以 6mol/L KOH 溶液为电解液，以上述称重圆形极片为正极和负极，按照负极壳、垫片、极片、电解液、无纺布隔膜、电解液、极片、垫片、正极壳的组装顺序组装扣式电容器，组装完成后在封口机上进行压合封装。

4. 电化学性能测试

在电化学工作站上对组装的扣式电容器完成相关电化学性能测试，考察其比容量、倍率性能、循环性能和内电阻。循环伏安（CV）测试的电压范围为 0～1 V，扫描速率分别为 5 mV/s、10 mV/s、20 mV/s、50 mV/s、100 mV/s 和 200 mV/s。在不同电流密度（0.5 A/g、1 A/g、2 A/g、5 A/g、10 A/g 和 20 A/g）下进行不同循环次数的恒电流充放电测试，并计算超级电容器的比容量和容量保持率。在 10 A/g 的大电流密度下进行长循环性能测试（100000 圈），计算其容量保持率。电化学阻抗谱（EIS）的频率范围为 0.01～100000 Hz，分析其电转移阻抗。

五、实验结果与讨论

1. 产品外观：________；产品质量：________。
2. 记录 SEM 和 TEM 观察到的材料形貌特征。
3. 采用相关软件绘制 Raman 光谱曲线，并分析产物的石墨化程度。
4. 记录 X 射线衍射仪检测到的材料物相。
5. 记录产物的比表面积和孔径分布。
6. 采用相关软件绘制电化学工作站测试得到的 CV 曲线、倍率性能曲线、充放电曲线和循环性能曲线，并记录材料在不同倍率下的充/放电比容量、充/放电电位、不同循环圈数的充/放电比容量和容量保持率。

7. 采用相关软件绘制电化学交流阻抗谱，并拟合得到电转移阻抗。

六、思考题

1. 超级电容器根据工作原理主要分为哪几种？
2. 超级电容器的电极材料主要分为几类？各自有什么优缺点？
3. 本实验中加入 PEG 和碳酸钾的作用分别是什么？

七、参考文献

[1] Chen X L，Paul R，Dai L M. Carbon-based supercapacitors for efficient energy storage. National Science Review，2017，4 (3)：453-489.

[2] Wang D W，Li F，Liu M，et al. 3D Aperiodic hierarchical porous graphitic carbon material for high-rate electrochemical capacitive energy storage. Angewandte Chemie International Edition，2007，47 (2)：373-376.

[3] Guo B B，Ma R G，Li Z C，et al. Hierarchical N-doped porous carbons for Zn-Air batteries and supercapacitors. Nano-Micro Letters，2020，12：20.

[4] Ba Y R，Pan W，Pi S C，et al. Nitrogen-doped hierarchical porous carbon derived from a chitosan/polyethylene glycol blend for high performance supercapacitors. RSC Advances，2018，8：7072-7079.

实验 11

SBA-15 分子筛孔径的调控及其在费-托（F-T）合成反应中的应用研究

一、实验目的

1. 了解不同孔径 SBA-15 分子筛的制备方法及对 F-T 合成反应的性能的影响。

2. 掌握满孔浸渍法制备催化剂的原理和基本实验技能。

3. 学习并掌握使用 X 射线衍射仪、比表面积和孔隙度分析仪、透射电子显微镜等仪器对载体和催化剂进行表征的方法。

4. 学习和了解四通道固定床反应器的使用。

二、实验原理

SBA-15 分子筛具有均一的孔结构，其热稳定性和水热稳定性也相对较好，通过调变模板剂及制备条件，可实现对其孔径、孔体积以及比表面积的调控。作为催化剂的载体使用时，其孔径尺寸和孔体积大小不仅会影响其对金属氧化物、活性金属团簇的负载量，而且还会影响反应物和产物分子在孔道中的扩散。同时其孔径也可以起到筛分分子的作用，从而改变反应产物的选择性。

在费-托合成（F-T 合成）中，孔道的限域作用不仅可以起到限制金属颗粒的尺寸、金属颗粒在催化反应中的团聚，以及提高反应稳定性的作用，而且孔道的限域作用也可以使反应产生的 α-烯烃在催化剂的孔道中频繁吸附，改变产物的选择性。

本实验以 P123 为模板剂、1,3,5-三甲苯为扩孔剂、正硅酸乙酯为硅源，采用水热法合成不同孔径的 SBA-15 分子筛，然后采用满孔浸渍法负载金属钴。分别采用 X 射线衍射仪、氮气物理吸脱附仪、透射电子显微镜等仪器对载体和催化剂进行结构表征，在四通道固定床反应器上进行费-托合成反应性能测试。

三、实验原料与设备

1. 实验原料

聚环氧乙烷-聚环氧丙烷-聚环氧乙烷三嵌段共聚物（P123）（A. R.），浓盐酸（A. R.），1,3,5-三甲苯（A. R.），六水合硝酸钴（A. R.），正硅酸乙酯（A. R.），高纯氢气（99.999%），高纯氮气（99.999%），高纯一氧化碳（99.999%）等。

2. 实验设备

集热式磁力搅拌器（1 台），马弗炉（1 台），旋转蒸发仪（1 台），干燥箱（1 台），循环水真空泵（1 个），分析天平（1 台），X 射线衍射仪（1 台），催化剂多功能表征仪（1 台），比表面积和孔隙度分析仪（1台），扫描透射电子显微镜（1台），气相色谱仪（4台），四通道微型固定床反应器（1套）等。

四、实验步骤

1. 盐酸的配制

取168 mL浓盐酸于1 L容量瓶中，用蒸馏水定容至刻度即得到2 mol/L盐酸。

2. 不同孔径SBA-15分子筛的制备

① 称取4 g的聚环氧乙烷-聚环氧丙烷-聚环氧乙烷三嵌段共聚物（P123）溶于140 mL 2 mol/L的盐酸溶液中，于35℃的水浴条件下搅拌至澄清。然后加入8.4 g正硅酸乙酯，继续搅拌48 h后，过滤、洗涤、干燥。最后，将产物置于马弗炉中，在550℃条件下焙烧5 h除去模板剂，并将产物置于100℃干燥箱中干燥24 h，得到的白色的粉末即为SBA-15分子筛，记为SBA-15-1。

② 称取4 g的P123溶于140 mL盐酸（2 mol/L）中，于35℃的水浴条件下搅拌至澄清。然后，加入8.4 g正硅酸乙酯，继续搅拌24 h后，转移至晶化罐内，在100℃条件下晶化24 h。冷却至室温后，过滤、洗涤、干燥。最后，在550℃马弗炉中焙烧5 h除去模板剂，并将产物置于100℃干燥箱中干燥24 h，得到的白色粉末即为SBA-15分子筛，记为SBA-15-2。

③ 改变实验步骤②中的晶化温度为130℃，其余条件不变，得到的白色粉末即为SBA-15分子筛，记为SBA-15-3。

④ 称取4 g P123溶于140 mL 2 mol/L的盐酸溶液中，于35℃的水浴条件下搅拌至澄清，再加入6 mL 1,3,5-三甲苯，搅拌使其混合均匀。然后，加入8.4 g正硅酸乙酯，继续搅拌24 h后，转移至晶化罐内，在130℃条件下晶化24 h。冷却至室温后，过滤、洗涤、干燥，最后在550℃马弗炉中焙烧5 h除去模板剂，并将产物置于100℃干燥箱中干燥24 h，所得白色粉末记为SBA-15-4。

3. 催化剂的制备

称取4 g SBA-15分子筛于圆底烧瓶中。取5 g六水合硝酸钴[$Co(NO_3)_2 \cdot 6H_2O$]于烧杯中，滴加蒸馏水约为4 mL，待溶解完全（可放入温水中速溶）后，通过旋转蒸发仪将溶液均匀浸渍到SBA-15分子筛上。待浸渍完成后，继续旋转20 min，再利用真空泵抽取样品中的水分，至样品抽干呈粉末状为止。最后，将粉末置于马弗炉内350℃焙烧5 h。所得的催化剂分别标记为20%Co/SBA-15-1、20%Co/SBA-15-2、20%Co/SBA-15-3和20%Co/SBA-15-4。

4. 载体和催化剂的表征

采用扫描透射电子显微镜（STEM）对样品的形貌和钴元素的分布情况进行表征；利用比表面积和孔隙度分析仪检测样品的比表面积、孔体积和孔径分布；利用X射线衍射（XRD）仪测定催化剂的晶型，并计算钴物种的晶粒大小；采用氢气程序升温还原（H_2-

TPR）考察催化剂的还原性能；由氢气程序升温脱附（H_2-TPD）与氧滴定法分别计算钴金属的粒径和催化剂的还原度。

5. 催化剂的活性测试评价

在四通道固定床反应器中，分别称 0.3 g 催化剂和 3.0 g 金刚砂，混合均匀后装填于反应管。催化剂先在纯氢气（≥ 99.999%）中常压、350℃还原 10 h，H_2 空速为 6 L/(h·g)（25℃，101.325kPa）。还原反应完成后，自然降温至 100℃。然后，分别通入合成气，反应空速为 6L/(h·g)（0℃，101.325kPa），H_2 与 CO 的物质的量之比为 2∶1，反应压力为 1.0 MPa，反应温度为 210℃。反应产物分别经过一个热阱（130℃）和一个冷阱（－2℃）进行收集，反应尾气中的 CO、H_2、CH_4、C_2～C_5［C_2 指乙烷（C_2H_6）和乙烯（C_2H_4）；C_3 指丙烷（C_3H_8）和丙烯（C_3H_6）；C_4 指丁烷（C_4H_{10}）、丁烯（C_4H_8）和丁二烯（C_4H_6）；C_5 指戊烷（C_5H_{12}）和戊烯（C_5H_{10}）］等采用 Agilent GC3000A 气相色谱仪进行在线分析。冷阱中的液体油样在 Agilent 6890N 气相色谱仪上分析，热阱中的固体蜡样在 Agilent GC7890A 气相色谱仪上分析，液体水样在 Agilent GC4890 气相色谱仪上分析。CO 转化率（%）与烃类化合物选择性（%）由下列公式求得：

$$\text{CO 转化率}=\frac{\text{进口 CO 的物质的量}-\text{出口 CO 的物质的量}}{\text{进口 CO 的物质的量}}$$

$$\text{CH}_4\text{ 选择性}=S_{\text{CH}_4}=\frac{\text{CH}_4\text{ 生成的物质的量}}{\text{进口 CO 的物质的量}-\text{出口 CO 的物质的量}-\text{CO}_2\text{ 生成的物质的量}}$$

$$\text{C}_n\text{ 选择性}(n=2,3,4)=S_{\text{C}_n}=\frac{\text{C}_n\text{ 生成的物质的量}}{\text{进口 CO 的物质的量}-\text{出口 CO 的物质的量}-\text{CO}_2\text{ 生成的物质的量}}$$

$$\text{C}_5\text{ 选择性}=1-S_{\text{CH}_4}-S_{\text{C}_2}-S_{\text{C}_3}-S_{\text{C}_4}$$

$$\text{CO}_2\text{ 选择性}=\frac{\text{CO}_2\text{ 生成的物质的量}}{\text{进口 CO 的物质的量}-\text{出口 CO 的物质的量}}$$

五、实验结果与讨论

1. 分析样品的 XRD 结果。
2. 分析样品的 STEM 数据。
3. 分析样品的 H_2-TPR 实验结果。
4. 对比表面积和孔隙度分析仪测试结果进行分析，并填写表 1。

表 1　比表面积和孔隙度分析测试数据表

样品	孔体积/(cm^3/g)	比表面积/(m^2/g)	孔径/nm	$D_{Co_3O_4}$/nm	D_{Co}/nm
SBA-15-1					
SBA-15-2					
SBA-15-3					
SBA-15-4					
20%Co/SBA-15-1					

续表

样品	孔体积/(cm^3/g)	比表面积/(m^2/g)	孔径/nm	$D_{Co_3O_4}$/nm	D_{Co}/nm
20%Co/SBA-15-2					
20%Co/SBA-15-3					
20%Co/SBA-15-4					

5. 对氧滴定测试结果进行分析，并填写表 2。

表 2　氧滴定测试数据表

催化剂	耗氧量/(μmol/g)	还原度/%
20%Co/SBA-15-1		
20%Co/SBA-15-2		
20%Co/SBA-15-3		
20%Co/SBA-15-4		

6. 对费-托合成反应活性测试结果进行分析，并填写表 3。

表 3　F-T 合成反应活性测试数据表

催化剂	CO 转化率/%	CO_2 选择性/%	烃类产物选择性/%				
			CH_4	C_2	C_3	C_4	C_5
20%Co/SBA-15-1							
20%Co/SBA-15-2							
20%Co/SBA-15-3							
20%Co/SBA-15-4							

六、思考题

1. SBA-15 分子筛孔径影响催化反应活性和产物选择性的原因是什么？
2. 可以采用哪些方法调控 SBA-15 分子筛的孔径大小？

七、参考文献

[1] Kokunešoski M, Gulicovski J, Matović B, et al. Synthesis and surface characterization of ordered mesoporous silica SBA-15. Materials Chemistry and Physics, 2010, 124 (2): 1248-1252.

[2] Cano L A, Cagnoli M V, Bengoa J F, et al. Effect of the activation atmosphere on the activity of Fe catalysts supported on SBA-15 in the Fischer-Tropsch synthesis. Journal of Catalysis, 2011, 278 (2): 310-320.

[3] Tao C, Li J, Liew K. Effect of the pore size of Co/SBA-15 isomorphically substituted with zirconium on its catalytic performance in Fischer-Tropsch synthesis. Science China Chemistry, 2010, 53 (12): 2551-2559.

[4] 赵燕熹，张煜华，韦良，等．水对 SBA-15 负载的钴基费-托合成催化剂催化性能的影响．中国科学：化学，2014，44 (10)：1627-1632.

实验 12

N、P、O 共掺杂多孔碳材料的制备及电化学性能研究

一、实验目的

1. 掌握碳材料用作超级电容器电极的结构特点和电化学储能机理。

2. 了解磷腈类有机化合的合成反应，以及薄层色谱在多步有机化学反应监控中的应用。

3. 掌握傅里叶变换红外光谱、核磁共振仪等测试手段对化合物结构的分析应用。

4. 了解电极片的材料组成及各组分的作用，掌握电极片制作、超级电容器组装的操作方法和工艺流程。

5. 了解材料化学结构、微观形貌的表征方法以及电极、超级电容器性能的测试技术。

6. 掌握使用相关软件对实验数据进行处理与分析等。

二、实验原理

超级电容器是指介于传统电容器和充电电池之间的一种新型储能装置，它既具有电容器快速充放电的特性，同时又具有电池的储能特性，且功率高、质量轻、操作范围广、使用寿命长及维护成本低。根据不同的储能机理，可将超级电容器分为双电层电容器和法拉第准电容器两大类。其中，双电层电容器以碳材料为主，通过纯静电电荷在电极表面吸附来存储能量。法拉第准电容器以具有法拉第准电容活性的金属氧化物或导电高分子为主，通过法拉第准电容活性电极材料表面及表面附近发生可逆氧化还原反应产生法拉第准电容，以实现对能量的存储与转换。

目前，商业化超级电容器多以碳基双电层超级电容器为主。碳材料具有极高的载流子迁移率（高电导率）、良好的机械性能及超高的比表面积。当其与电解液接触时，在库仑力、分子间力及原子间力作用下，会在固-液界面出现稳定和符号相反的双层电荷，称为界面双电层。当加载电压时，正极上的电势吸引电解质中的负离子，负极吸引正离子，从而在两电极的表面形成了一个双电层。最常用的碳电极材料多为活性炭、石墨烯或碳纳米管。但是，这些碳材料仍面临制备效率低、生产工艺复杂、成本高等问题。此外，受制于物理吸附的电化学储能（双电层储能）机理，传统碳材料表现出有限的能量存储能力。

炭化物衍生碳材料主要以炭化物为前驱体，经高温煅烧除去分子结构中大部分杂原子（如 O、N、S 等），剩下骨架碳结构而制得。通过选用不同的碳前驱体，或调控反应过程中的温度、气氛成分、反应时间等参数，从而制备具有不同结构和不同纳米尺度的衍生碳材料。现今，炭化物衍生碳作为一种新型碳材料，在超级电容器电极材料领域具有很大的应用潜力。

磷腈是一种以氮、磷原子交替为主链结构的有机-无机聚合物，是碳材料的良好前驱

体，其侧链可以通过亲核取代反应进行调节。目前，已有大量文献报道了磷腈聚合物基电极材料的制备。比如，Dar 等人以磷腈为原料，合成了 PCTNB 微球，并用 PCTNB 微球包裹碳纳米管，制备 PCTNB@碳纳米管复合材料，进而在 600℃处进行炭化，合成掺杂 N、P、O 元素的活性炭化 PCTNB（图 1A）。与过渡金属相比，该碳电极材料对酸具有高度抗腐蚀性。Qiu 等人在聚（双苯氧基）磷腈（PBPP）热解过程中，合成聚磷腈碳（PZCs）（图 1B），与一些高比表面积碳、高介孔碳和氮掺杂的介孔碳相比，聚磷腈碳（PZCs）具有相当大的比表面积，表现出较高的比容量（417.6 F/g，0.5 A/g），表明聚磷腈是一种有效的原位引入杂原子的碳前驱体。Liu 等人用高交联聚合物聚（环三磷腈-co-4,4′-磺酰二苯酚）（PZS）包覆磁性纳米球（Fe_3O_4），制备一类核壳纳米颗粒作为富杂原子掺杂电极（MZPS），经炭化后形成 C-MPZS（图 1C）。实验结果表明该电极继承了 PZS 的所有优点，即良好的润湿性、低阻抗、高比容量和长期胶体稳定性，且将 C-MPZS 电极成功应用于印染废水尾水处理，证明了 C-MPZS 电极在去离子方面具有广阔的应用前景。

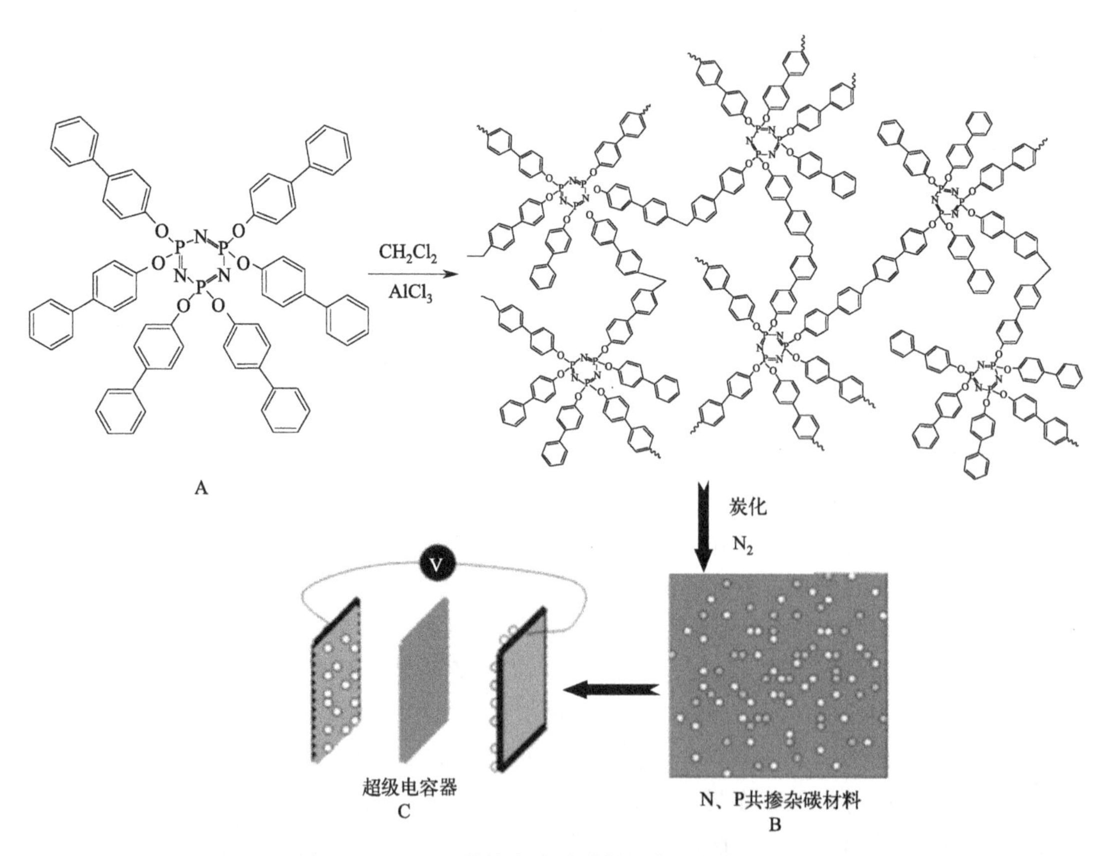

图 1　N、P、O 共掺杂多孔碳材料合成制备示意图

本实验以六氯环三磷腈和 4-苯基苯酚为原料，合成六（4-苯基苯氧基）环三磷腈（HTCTP）；进一步通过傅-克烷基化反应，制备一类刚性网状结构的聚合物 HTTP1；通过调控 HTTP1 的炭化温度（700℃、800℃、900℃），得到一系列多孔碳材料 C-HTTP1。最后以得到的 C-HTTP1 作为电极材料，进一步研究其电化学相关性能。

三、实验原料与设备

1. 实验原料

六氯环三磷腈（C.R.），乙炔黑（C.R.），无水氯化铝（C.R.），聚偏二氟乙烯（工业级），丙酮（A.R.），*N*-甲基吡咯烷酮（A.R.），二氯甲烷（A.R.），无水碳酸钾（C.R.），无水乙醇（A.R.），4-苯基苯酚（C.R.），盐酸（A.R.），聚四氟乙烯（A.R.），*N*-乙烯基吡咯烷酮（A.R.）等。

2. 实验设备

集热式磁力搅拌器（1台），电化学工作站（1台），X射线衍射仪（1台），电子天平（1台），切片机（1个），分析天平（1台），纽扣电池封装压片机（1台），管式炉（1台），手摇压片装置（1台），真空干燥箱（1台），透射电子显微镜（1台），拉曼光谱仪（1台），傅里叶变换红外光谱仪（1台），比表面积和孔隙度分析仪（1台）等。

四、实验步骤

1. 六(4-苯基苯氧基)环三磷腈（HTCTP）的合成

合成反应式见图2。在500 mL三口烧瓶中，依次加入6.96 g六氯环三磷腈（20 mmol）、24.51 g 4-苯基苯酚（144 mmol）、19.90 g无水碳酸钾（144 mmol）和350 mL丙酮，在氮气保护下回流反应24 h，并用薄层色谱法监控反应。待六氯环三磷腈反应完全后，蒸馏浓缩溶液，剩余物用大量蒸馏水洗涤2次。然后，抽滤并用无水乙醇洗涤产物。最后，将其置于真空干燥箱中进行干燥，收集白色固体。

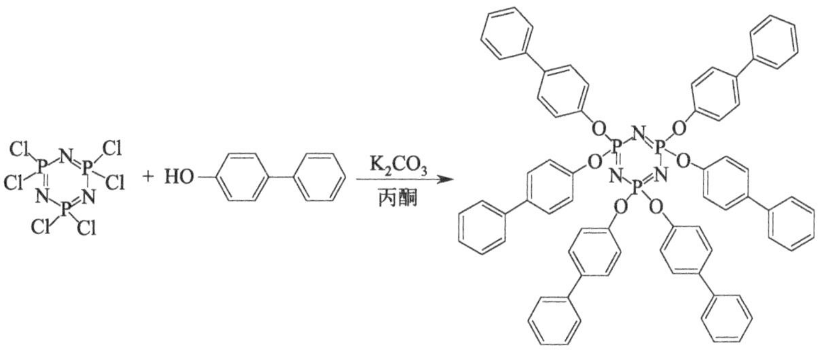

图2 HTCTP的合成反应过程

2. 共价键多孔有机聚合物（HTTP1）的合成

称取3.45 g的HTCTP（3 mmol），加入500 mL三口烧瓶中。然后，在氮气保护下，加入250 mL干燥的二氯甲烷，溶液颜色为浅褐色。称取7.98 g的无水氯化铝（60 mmol）于三口烧瓶中，在80℃条件下反应。反应期间，溶液颜色由浅褐色变为紫色，之后变为黑紫色。反应72 h后停止搅拌和加热，让溶液自然冷却至室温后，进行抽滤，得到黑色粉末状固体。依次用150 mL稀盐酸、200 mL蒸馏水和200 mL无水乙醇洗涤固体。利用索氏提取装置，依次用甲醇、四氢呋喃、丙酮对产物 HTTP1 进行提取。连续提取 24 h 后，将 HTTP1 置于温度为 40℃的真空干燥箱中干燥 24 h，可得到红棕色粉末状固体。

3. N、P、O 共掺杂多孔碳材料（C-HTTP1）的制备

首先，称取三份 HTTP1 样品，并将盛有样品的瓷舟放在单温区真空管式炉管腔内中央。密封好后，先通入 30 min 的氮气以完全除去管内的空气。然后正式启动加热程序，设置升温速率为 5℃/min，在氮气保护下进行炭化，目标温度分别设置为 700℃、800℃和 900℃。反应 2 h 后，自然冷却至室温。

4. 材料的理化性质表征

分别通过核磁共振氢谱、碳谱和磷谱对合成的六(4-苯基苯氧基)环三磷腈（HTCTP）的结构进行表征。利用扫描电子显微镜（SEM）、傅里叶变换红外光谱（FTIR）仪对共价键多孔有机聚合物（HTTP1）进行表征。利用透射电子显微镜（TEM）对 HTTP1 及其炭化材料的微观结构进行表征。利用 X 射线衍射（XRD）仪对合成材料的物相组成和晶体结构进行表征。分别通过拉曼光谱仪和 X 射线光电子能谱（XPS）仪对合成的 HTTP1 炭化材料组分构成和表面元素组成进行表征。

5. 电化学性能测试

（1）电极材料的制备

① 涂敷法。称取 80 mg 上述 N、P、O 共掺杂多孔碳材料、10 mg 乙炔黑，在研钵中充分研磨，再加入 250 μL 的聚偏二氟乙烯（PVDF）溶液（40 mg/mL）继续研磨至混合均匀。缓慢滴加 *N*-乙烯基吡咯烷酮，研磨以上材料至呈浆状。随后，将研磨的浆料均匀涂敷在预先称过质量且已编号的碳布上（规格：1 cm×2 cm），涂敷面积为 1 cm×1 cm。继而将其置于 80℃真空干燥箱中干燥 12 h，并称重，计算活性物质的质量。测试前需将待测电极在电解液（1 mol/L H_2SO_4）中浸泡 12 h。

② 擀膜法。称取 80 mg 上述所得 N、P、O 共掺杂多孔碳材料、10 mg 乙炔黑，在研钵中充分研磨，然后加入 10 mg 的聚四氟乙烯（PTFE）继续研磨至混合均匀。通过逐滴滴加异丙醇，使以上混合物呈橡皮泥状。采用手摇压片装置碾压制膜，并将膜置于真空干燥箱中干燥 12 h。最后，将干燥好的膜置于手摇压片装置上切成直径为 3 mm 的圆形极片，称重，并选择质量相近的两个极片配对使用。测试前需将待测电极和隔膜（滤纸）在电解液（1 mol/L H_2SO_4）中浸泡 12h。

（2）组装

① 三电极体系。以 H_2SO_4（1mol/L）作为电解液，将制备的 Hg/Hg_2SO_4 电极（参比电极）和铂片电极（对电极）置于电解液液面以下，电极材料为工作电极。其中，工作电极与对电极底部同高、有效面积平行相对，组装成三电极体系，并在室温下进行电化学测试。

② 两电极体系。使用 2016 电池壳作为集流体，按照电池壳、弹片、垫片、电极、隔膜、电极、垫片、弹片、电池壳的顺序组装，然后放置在纽扣电池封装压片机上压合封

装，制备对称型超级电容器作为两电极体系。

（3）测试

循环伏安测试：采用电化学工作站对电极体系进行循环伏安测试，扫描速率为 10～100 mV/s，电压范围为 0～1 V。

充放电测试：采用电化学工作站对电极体系进行充放电测试，电流密度为 0.5～20 A/g，电压范围为 0～1 V。

电化学阻抗谱测试：采用电化学工作站对电极体系进行电化学阻抗谱测试，测试频率为 0.01～100000 Hz。

五、实验结果与讨论

1. 分析六(4-苯基苯氧基)环三磷腈（HTCTP）合成过程中的薄层色谱结果，了解多官能团化合物反应特性。

2. 分析核磁共振波谱（氢谱、碳谱和磷谱）在化合物结构表征中的作用。

3. 分析 HTTP1 的化学结构和微观形貌。

4. 分别计算 HTTP1 及炭化后的产碳率。

5. 分析 C-HTTP1 的结构和形貌，总结不同炭化温度下衍生碳的结构和形貌变化规律。

6. 分析 C-HTTP1 材料的超级电容器性能，总结 C-HTTP1 化学结构与微观形貌对其电化学性能的影响规律。

六、思考题

1. 傅-克烷基化反应主要受哪些因素影响？

2. 炭化过程中有哪些因素可能影响材料的最终形貌和结构？

七、参考文献

[1] Béguin F，Frackowiak E. 超级电容器：材料、系统及应用．张治安，译．北京：机械工业出版社，2019.

[2] Dar S U，DinM A U，Hameed M U，et al. Oxygen reduction reaction of (C-PCTNB@CNTs)：A nitrogen and phosphorus dual-doped carbon electro-catalyst derived from polyphosphazenes. Journal of Power Sources，2018，373：61-69.

[3] Qiu M，Zhang S K，Abbas Y，et al. Heteroatom-doped ultrahigh specific area carbons from hybrid polymers with promising capacitive performance. Journal of Power Sources，2020，478：228761.

[4] Li D，Ning X A，Yang C H，et al. Rich heteroatom doping magnetic carbon electrode for flow-capacitive deionization with enhanced salt removal ability. Desalination，2020，482：114374.

第三部分
复合材料的制备与性能研究

实验1

石墨烯负载磷化铁纳米晶的制备及其在锂硫电池中的应用研究

一、实验目的

1. 了解磷化铁纳米晶的性质及制备方法。
2. 了解锂硫电池中硫正极的制备方法。
3. 学习并掌握隔膜的制备及修饰原理。
4. 学习并掌握锂硫电池的组装及性能测试方法。
5. 学习并掌握X射线衍射等纳米材料表征测试方法。
6. 掌握相关软件的使用和数据处理及分析等。

二、实验原理

锂硫（Li-S）电池具有理论比容量高（1675 mA·h/g）、硫资源丰富以及环境友好等优势，被认为是下一代储能器件中最有前途的候选者之一。在放电过程中，正极侧活性物质硫会经历多步还原反应，包括 S_8 到液态长链多硫化锂的固-液转化、长链多硫化锂到短链多硫化锂的液-液转化，以及最终转化为固态 Li_2S 的液-固转化。然而，在多硫化锂的转化过程中存在两个主要问题：一是可溶性的中间产物多硫化锂（LiPSs）会迁移到负极，发生“穿梭效应”，导致活性硫的严重损失及锂金属负极的腐蚀/钝化；二是反应物 S_8 以及产物 Li_2S 的导电性差、转化反应动力学迟缓，从而导致严重的极化现象、较低的硫利用率，以及较差的倍率性能。

为解决上述问题，研究人员开发了多种先进的载体材料来调控多硫化锂的转化反应，如杂原子掺杂的碳材料、过渡金属以及过渡金属化合物等。一方面，这些极性的载体材料可以通过极性-极性化学相互作用吸附各种LiPSs，抑制LiPSs的穿梭；另一方面，这些材料可以充当催化剂加速LiPSs的转化反应动力学。基于这些载体材料的功能，人们又将其设计于传统锂硫电池的聚丙烯（PP）隔膜层上，制备出一种兼具物理/化学作用的多功能锂硫电池隔膜，如图 1 所示。该多功能隔膜不仅能够在物理上限制 LiPSs 的穿梭，也能在化学上键合 LiPSs。

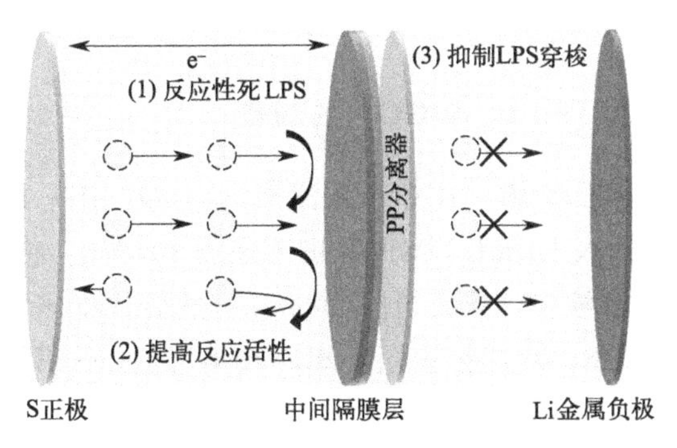

图 1　多功能锂硫电池隔膜作用示意图

因此，本实验中采取将磷化铁（FeP）纳米晶体复合在三维多孔还原氧化石墨烯（rGO）上，并将其修饰在电池隔膜上作为多功能中间隔层，制备具有稳定循环和高倍率性能的 Li-S 电池。该多功能隔膜在提高 Li-S 电池性能方面发挥了多重作用。其中，FeP 纳米晶体不仅可以对多硫化物进行高效的化学吸附，从而抑制多硫化物的穿梭，而且分散均匀的 FeP 纳米晶体可以作为催化剂，催化多硫化物的快速转化，减少多硫化物溶解的可能性（图 2）。此外，锚定在 rGO 上的 FeP 纳米晶体提供了大量的吸附界面，促进了 Li_2S 的成核和生长，从而提高了氧化还原反应动力学。多孔的 rGO 也能够实现快速高效的 Li^+/e^- 传输，从而实现高硫利用率和快速氧化还原反应。

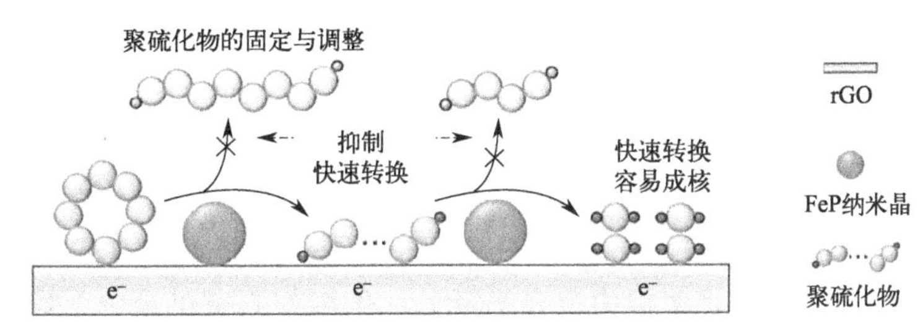

图 2　FeP 纳米晶对多硫化物的固定与调控作用

三、实验原料与设备

1. 实验原料

氧化石墨烯（A. R.），一水合次磷酸钠（A. R.），四甘醇（A. R.），无水乙醇（A. R.），碳纳米管（A. R.），去离子水（A. R.），乙酰丙酮铁（A. R.），导电炭黑（A. R.），硫粉（A. R.），聚偏二氟乙烯（A. R.），超纯水，*N*,*N*-二甲基甲酰胺（A. R.）等。

2. 实验设备

磁力搅拌器（1 台），电极切片机（1 台），超纯水系统（1 台），超声波清洗器（1 台），恒压滴液漏斗（1 个），透射电子显微镜（1 台），冷冻干燥机（1 台），电池测试系统（1台），手套箱（1台），X射线衍射仪（1台），超速离心机（1台），扫描电子显微镜（1台），真空干燥箱（1台），分析天平（1台），管式炉（1台），水热反应釜（1套）等。

四、实验步骤

1. 四氧化三铁纳米晶（Fe_3O_4@rGO）的制备

首先，将15 mL氧化石墨烯（rGO）悬浮液（4 mg/mL）用*N*,*N*-二甲基甲酰胺（DMF）离心洗涤3次，倒入20 mL DMF中超声分散30 min。将5 mL四甘醇和80 mg乙酰丙酮铁加入上述混合溶液中，连续搅拌20 min。然后，将该混合物转移到50 mL水热釜中，在180℃下加热3 h，冷却至室温，离心收集沉淀，再用去离子水和无水乙醇洗涤数次，冷冻干燥48 h后，制得Fe_3O_4@rGO复合材料备用。

2. 磷化铁纳米晶（FeP@rGO）的制备

在磷酸化过程中，将一水合次磷酸钠（$NaH_2PO_2 \cdot H_2O$）和Fe_3O_4@rGO分别置于氧化铝坩埚的两端，前者在上游，后者在下游（质量比为5∶1）。然后将坩埚转移到管式炉中，以1℃/min的速度加热到350℃，并在此温度下保持3 h。

3. 磷化铁纳米晶（FeP@rGO）隔膜的制备

将FeP@rGO与聚偏二氟乙烯（PVDF）以9∶1的质量比混合，超声分散在40 mL *N*-甲基吡咯烷酮（NMP）中。每次抽滤10 mL的混合溶液，共抽滤4次，滤膜置于60℃真空干燥箱内干燥12 h。将隔膜切成直径为1.9 cm的圆形。隔膜的材料负荷约为2.0 mg/cm^2。

4. 硫正极（CNT-S）的制备

将硫粉与碳纳米管（CNT）材料以75∶25的质量比混合。将混合物转移到充满氩气的玻璃瓶中，在155℃下加热15 h。得到的CNT-S与导电炭黑和PVDF以80∶10∶10的质量比混合制备正极电极。将浆液涂覆在铝箔上，在60℃真空烘箱中干燥12 h。电极被切成直径为1.2 cm的圆形。电极的硫负荷约为1.0 mg/cm^2。

5. 材料表征

采用X射线衍射（XRD）仪测量了产物的晶型和晶体结构，用$\lambda=1.5406$ Å的Cu Kα为放射源，扫描速度为5°/min，衍射角2θ范围在5°～80°；采用扫描电子显微镜（SEM）和透射电子显微镜（TEM）观察样品的形貌尺寸及微观结构。

6. 电化学性能测试

将制作完成的隔膜与正极装配成扣式电池，采用电池测试系统对其比容量进行测试，测试条件：电流密度为1 C，电压为1.7～2.8 V。并通过以下公式计算得到电池的容量保持率（%）和容量衰减率（%）：

$$容量保持率=最终比容量/初始比容量$$

容量衰减率=初始比容量-最终比容量/循环圈数×初始比容量

五、实验结果与讨论

1. 产品外观：________；产品质量：________；初始比容量：______；循环圈数：________；最终比容量：________；容量保持率：________；容量衰减率：________。
2. 记录 XRD 谱图，并与标准晶体数据库进行对比。
3. 记录 SEM 观察到的材料形貌特征和尺寸。
4. 记录 TEM 观察到的电子衍射图和晶格条纹。
5. 绘制组装电池的循环充放电曲线，记录比容量数据和循环圈数。
6. 计算电池的容量保持率和容量衰减率。

六、思考题

1. FeP@rGO 的粒径大小主要受哪些因素影响？
2. 冷冻干燥的原理是什么？
3. 为什么在磷酸化时，要将材料放在下游？
4. 在电化学性能测试中，不同电流密度下，电池的电化学性能有什么差别？

七、参考文献

[1] Huang S Z, Lim Y V, Zhang X M, et al. Regulating the polysulfide redox conversion by iron phosphide nanocrystals for high-rate and ultrastable lithium-sulfur battery. Nano Energy, 2018, 51: 340-348.

[2] Huang S Z, Wang Y, Hu J, et al. Mechanism investigation of high-performance Li-polysulfide batteries enabled by tungsten disulfide nanopetals. ACS Nano, 2018, 12: 9504-9512.

[3] Song H B, Li T, He T T, et al. Cooperative catalytic Mo-S-Co heterojunctions with sulfur vacancies for kinetically boosted lithium-sulfur battery. Chemical Engineering Journal, 2022, 450: 138115.

[4] Li T, Wang Z H, Hu J, et al. Manipulating polysulfide catalytic conversion through edge site construction, hybrid phase engineering, and Se anion substitution for kinetics-enhanced lithium-sulfur battery. Chemical Engineering Journal, 2023, 471: 144736.

[5] Huang S Z, Wang Z H, Lim Y V, et al. Recent advances in heterostructure engineering for lithium-sulfur batteries. Advanced Energy Materials, 2021, 11: 2003689.

实验 2

MOF 衍生的碳包覆硒掺杂硫化铁纳米复合材料的制备及储钠性能研究

一、实验目的

1. 掌握 MOF 衍生金属硫化物纳米材料的合成原理和实验技能。
2. 掌握聚合物包覆炭化的原理和实验技能。
3. 学习并熟练使用 X 射线衍射仪等纳米材料表征手段。
4. 学习并掌握钠离子电池的工作原理及性能测试方法。
5. 熟练掌握相关软件的使用、数据处理及分析。

二、实验原理

钠离子电池（SIBs）具有钠资源丰富的优势，并且与锂离子电池（LIBs）的化学性质相似，被认为是最有希望取代 LIBs 的储能器件。然而，与 Li^+（0.76 Å）相比，Na^+ 的半径（1.02 Å）大，这导致其在嵌钠/脱钠过程中材料的体积变化较大，且 Na^+ 扩散动力学差，从而造成较差的倍率和循环稳定性。在众多 SIBs 电极材料中，基于多电子转化反应的过渡金属硫化物（TMSs）表现出较高的比容量（> 400 mA·h/g）和较为优异的反应动力学，因此受到广泛的研究。

在各种 TMSs 中，二硫化铁（FeS_2）具有高理论比容量（约 880 mA·h/g）、低成本和环境友好等优点，具有较大的应用前景。然而，其缓慢的 Na^+ 反应动力学和巨大的体积变化导致较差的循环和倍率性能。为解决上述问题，可以采用三种策略：

① 选取金属有机物骨架（MOFs）材料为前驱体制备小尺寸纳米材料。MOFs 由金属离子和有机基团通过化学键连接组成。在煅烧过程中，MOFs 通过热裂解得到碳骨架和金属化合物等，既解决了电导率低的问题，而且炭化之后还能形成复杂多孔结构，为钠离子的插入/脱出提供了丰富的活性位点。另外，MOFs 衍生金属化合物结构多样，形成的开放孔隙结构能够缓冲充放电过程中巨大的体积变化，对 Na^+ 的稳定存储具有重要的意义。

② 导电碳包覆。碳包覆是新能源材料领域最常见的一种材料改性方法，能够提供稳定的电化学和化学反应界面并且改善材料的电导率。间苯二酚-甲醛树脂包覆法是使用间苯二酚-甲醛树脂作为碳源，其具有优异的物理化学性质，如良好的碳产率、易于功能化，是一种良好的固体载体。该方法使用了阳离子表面活性剂十六烷基三甲基溴化铵（$C_{16}TMA^+Br^-$）作为功能核的分散剂，并且间苯二酚和甲醛在氨水的催化下发生缩聚反应，在羟基化反应中获得高官能度的羟甲基酚，进而形成热固性树脂。这类树脂在炭化过程中能形成坚固的碳包覆层，不仅能提升材料的导电性，并且能缓冲巨大的体积变化，对

电极材料性能的提升具有重大作用。

③ 电子结构工程。阴离子取代/掺杂策略是通过调节 TMSs 的电子结构来提高其电化学活性的。通常，硒（Se）掺杂 TMSs 能功能化地改变 TMSs 的物理化学性质。其一，Se 比 S 具有更强的金属性，金属硒化物比金属硫化物具有更高的电导率和更大的晶面间距。其二，与 S（1.84 Å）相比，Se 具有更大的原子半径（1.98 Å）和更强的屏蔽效应，Se 原子的价电子更少受到核电荷的约束，因此，Se 掺杂/取代能够减小 TMSs 的带隙，并提高 TMSs 的电子导电性。其三，Na—Se 键的键能比 Na—S 键的键能弱，Na_2Se 比 Na_2S 更容易解离出 Na^+，导致其在转化反应过程中氧化还原动力学增强。

本实验以 Fe 基 MOFs 材料 MIL-88A 为前驱体，进一步引入间苯二酚-甲醛树脂（RF）包覆 MIL-88A，形成 MIL-88A@RF。然后在氮气下对 MIL-88A@RF 进行炭化煅烧，得到 Fe_2O_3@C。最后将 Fe_2O_3@C 和硒、硫粉按一定比例混合，继而在氮气下进行同步硒硫化煅烧，得到 Se 掺杂的 FeS_2@C 材料作为钠离子负极材料（图 1）。

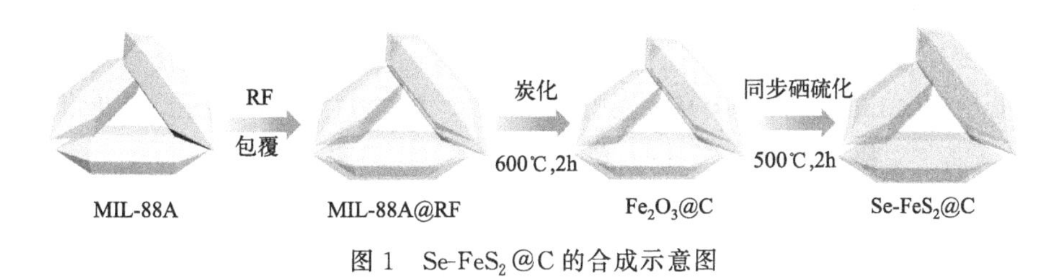

图 1 Se-FeS_2@C 的合成示意图

三、实验原料与设备

1. 实验原料

升华硫（99.95%），无水乙醇（A. R.），硒粉（≥99.999%），间苯二酚（A. R.），六水合氯化铁（ACS），甲醛（A. R.），反丁烯二酸（99.50%），十六烷基三甲基溴化铵（A. R.），*N*,*N*-二甲基甲酰胺（G. C.），氨水（A. R.），商业 PP 隔膜，六氟磷酸钠（99.95%），羧甲基纤维素钠（A. R.），导电炭黑，去离子水等。

2. 实验设备

电池测试系统（1 套），手套箱（1 套），X 射线衍射仪（1 台），扫描电子显微镜（1 台），高速离心机（1 台），磁力搅拌器（1 台），半微量天平（1 台），恒温试验箱（1 台），电子天平（1 台），管式炉（1 台），水热反应釜（4 套），真空干燥箱（1 台）等。

四、实验步骤

1. MIL-88A 的合成

首先，称取 1946.1 mg 六水合氯化铁（$FeCl_3 \cdot 6H_2O$）和 1392.9 mg 反丁烯二酸加入 250 mL 烧杯中，再加入 160 mL *N*,*N*-二甲基甲酰胺（DMF），室温下搅拌 10 min 后，形成澄清的黄色溶液。将此溶液平均分为 4 份转至 50 mL 的水热釜里，放入真空干燥箱中，在135℃下加热反应1.5 h。反应结束降至室温后，离心收集固体，用无水乙醇和去离子水各洗涤3次后，将产物放入真空干燥箱中60℃下干燥6 h，得到粉色粉末，即为MIL-88A。

2. MIL-88A@RF 的合成

称取200 mg MIL-88A放入50 mL烧杯中，再分别加入14 mL去离子水和6 mL无水乙醇，搅拌30 min至粉末充分分散。称取350 mg十六烷基三甲基溴化铵（CTAB）和53 mg间苯二酚加到上述分散液中，接着加入150 μL氨水，搅拌30 min后，再加入90 μL甲醛溶液，继续搅拌反应12 h。最后静置12 h，离心收集固体产物，用水和无水乙醇各洗涤3次后，把产物放入真空干燥箱中于60℃下干燥6 h，得到MIL-88A@RF粉末。

3. Fe_2O_3@C 的合成

将MIL-88A@RF粉末置于石英舟中，并用铝箔将其密封，再把石英舟转移至管式炉中。先将管式炉抽真空再充入氩气，连续抽放3次以确保排尽炉管内残余空气；之后在氩气气流下以2℃/min的升温速率从室温升至500℃，在500℃下加热2 h，炭化得到Fe_2O_3@C粉末。

4. Se-FeS_2@C 的合成

称取40 mg的Fe_2O_3@C粉末置于石英舟的一侧，然后按照4∶6的物质的量之比取200 mg硒粉和硫粉，混合研磨10 min后置于石英舟的另外一侧，并用铝箔把石英舟密封。把石英舟中硒硫混合物的一侧放到管式炉进气口的上游端，放置Fe_2O_3@C粉末的一侧置于下游端。按照前述步骤先排尽炉管内残余空气，之后在氩气气流下以20℃/min的升温速率从室温升至500℃，在500℃下加热2 h，炭化得到Se-FeS_2@C粉末。

5. 材料表征

采用X射线衍射（XRD）仪确定产物的物相组成和晶体结构，扫描速度为5°/min，衍射角2θ范围在5°～80°；通过扫描电子显微镜（SEM）观察样品表面形貌和微观结构。

6. 电极片的制备

称取40 mg的Se-FeS_2@C粉末（活性物质）、5 mg的羧甲基纤维素钠（CMC）、5 mg导电炭黑，以水为溶剂混合研磨1 h制作电极浆料，并均匀涂抹于铜箔集流体表面，放入真空干燥箱中60℃下干燥12 h，结束后将其切成直径为12 mm的小圆片。

7. 电池的组装

以Se-FeS_2@C电极片为正极。电池的层堆次序如下：正极壳、正极（Se-FeS_2@C）、商业PP隔膜、玻璃纤维隔膜、电解液、钠片、垫片、弹片、负极壳。配制175 mL浓度为1.0 mol/L的六氟磷酸钠/N,N-二甲基甲酰胺（$NaPF_6$/DMF）溶液作为电解液。

8. 电化学性能测试

① 循环性能。把组装好的扣式电池与电池测试系统的正、负极对应连接好，分别在0.5 A/g、5 A/g的电流密度下进行恒电流充放电测试，得到充放电曲线、首圈库仑效率、比容量、循环稳定性等信息。

② 倍率测试。分别在0.5 A/g、1 A/g、3 A/g、5 A/g、10 A/g、20 A/g、30 A/g、0.5 A/g的电流密度下进行恒电流充放电测试，每个电流密度下循环10圈。

五、实验结果与讨论

1. 通过SEM图像观察材料形貌特征和尺寸。
2. 记录XRD谱图并与标准晶体结构数据库对比，分析材料的晶体结构。
3. 记录电化学循环测试得到的比容量、首圈库仑效率、容量保持率。
4. 记录在每个电流密度下所得到的比容量和容量保持率。

六、思考题

1. Se-FeS_2@C的粒径大小主要受哪些因素影响？
2. 合成过程中为什么要加入氨水溶液？
3. 为什么要把硒硫混合物的一侧放到管式炉进气口的上游端？

七、参考文献

[1] Huang S Z, Fan S, Xie L X, et al. Promoting highly reversible sodium storage of iron sulfide hollow polyhedrons via cobalt incorporation and graphene wrapping. Advanced Energy Materials, 2019, 9 (33): 1901584.

[2] Huang S Z, Li Y, Chen S, et al. Regulating the breathing of mesoporous $Fe_{0.95}S_{1.05}$ nanorods for fast and durable sodium storage. Energy Storage Materials, 2020, 32: 151-158.

[3] He T, Zhao W, Hu J, et al. Unveiling the double-edged behavior of controlled selenium substitution in cobalt sulfide for balanced Na-storage capacity and rate capability. Advanced Functional Materials, 2023, 34 (8): 2310256.

实验 3

蜜胺树脂包覆聚磷酸铵的合成及对聚乳酸树脂的阻燃性能研究

一、实验目的

1. 了解高分子材料燃烧特点。
2. 了解高分子材料的阻燃剂种类及阻燃机理，重点是膨胀型阻燃机理。
3. 掌握热塑性树脂的加工方法、机械性能测试方法及数据处理方法。
4. 掌握阻燃性能的测试方法和性能指标。

二、实验原理

近年来，生物可降解聚合物因其具有环境友好性、较高的可降解性和可持续发展的特性而引起了人们的广泛关注。在所有生物可降解聚合物中，聚乳酸（PLA）因其无毒、生物相容性好和强度高等特点，已被广泛应用于生物医学、电子电气工业、包装和汽车等领域。然而，PLA 的极限氧指数（LOI）极低（20%），具有高度易燃的特点，同时 PLA 燃烧时会释放出大量的热量和有毒有害烟气，并且伴有熔融滴落现象，不仅严重威胁人们的生命和财产安全，还会污染环境。因此，有必要提高 PLA 的火灾安全性能。

（1）聚乳酸树脂的燃烧机理

经典的火焰燃烧三角理论中，燃烧需具有氧气、可燃物以及达到着火点的温度等三要素。PLA 等聚合物的燃烧则是一个更加复杂的物理化学过程，同时涉及热的传导/扩散、流体动力学和降解化学。其主要有受热、热降解、着火、燃烧以及热传导等过程。当 PLA 受热后，内部分子剧烈运动，当表面温度逐渐升高至玻璃化温度以上时，PLA 开始发生形变并呈现熔融状态，机械性能大幅下降，此时开始伴随着熔滴现象的出现。当热源提供的热量足够让 PLA 中的化学键断裂时，PLA 开始热分解并挥发出可燃气体（烷烃、烯烃等），与空气中的氧气接触进一步燃烧；而 PLA 聚合物链中与叔碳原子相连的 H 原子具有较高活泼性，会发生一系列的自由基链式反应，加速了 PLA 的热分解。此过程中，产生热量最主要来自 OH · 和 CO 的反应。产生的热量中有一部分通过热传导、热辐射和热对流等形式传递给未燃烧的 PLA，若该部分能量达到 PLA 热降解所需的最低能量以上，则陷入循环燃烧，直至 PLA 燃烧完全。

（2）聚乳酸树脂的阻燃机理

从 PLA 的多个燃烧过程可以得到多种阻止 PLA 燃烧的途径，主要包括：

① 气相阻燃。即猝灭燃烧过程中产生的自由基以减少自由基反应，如高活性的 H · 和 OH ·；同时燃烧产生的不可燃气体也稀释并隔绝了可燃性气体，从而达到阻燃的效果。

② 凝聚相阻燃。即在固相中抑制 PLA 分解产生可燃性气体和活性自由基；同时在基材表面形成保护层，隔绝可燃性气体和热量；还能通过阻燃剂的分解吸热降低 PLA 的吸热量，如比热容大的无机填料就能降低基材的热传导效率，减少聚合物的热量传递。

③ 协同阻燃。即气相阻燃、凝聚相阻燃、脱水和二级分解等吸热反应以及中断热交换共同发生作用，起到协同阻燃的效应。当前阻燃剂的研究中，利用新兴的纳米技术、微胶囊技术、表面处理技术和协同复配机理等研究开发了高效环保的阻燃剂和新型协同剂，共同作用在聚合物材料中以实现聚合物的高效阻燃。

（3）膨胀型阻燃剂

膨胀型阻燃剂（IFR）最早出现在涂料的阻燃中，主要包括酸源（脱水剂）、气源（发泡剂）和炭源（成炭剂）三个部分，因为其低毒、低烟、稳定性好、阻燃效率高、绿色环保等优点成为当前的阻燃研究的重点方向。G. Camino 提出的经典 IFR 体系由酸源聚磷酸铵（APP）、气源三聚氰胺（MEL）、炭源季戊四醇（PER）组成。所谓酸源，就是促进炭源脱水、交联酯化或者石墨化成炭的脱水剂，一般为受热分解形成无机酸的物质，如磷酸、硼酸等；炭源（成炭剂）则是在燃烧过程中脱水成炭的基体，一般为富炭的多元醇化合物，如 PER、三嗪类化合物等，成炭剂是影响膨胀型阻燃剂性能的最主要的因素；而气源则是受热易分解产生不可燃气体以膨胀炭层和稀释可燃气体的发泡剂，一般都为高含氮化合物，如 MEL、尿素等。因此膨胀型阻燃剂多为氮磷协同复配阻燃体系。

IFR 的阻燃机理如图 1 所示，可以看出 IFR 主要是在聚合物的凝聚相中起作用。膨胀型阻燃剂受热后，酸源开始分解产生无机酸，体系达到一定温度后，酸源与炭源相互作用，炭源中的羟基开始脱水酯化，形成炭残渣，而气源也在一定的温度下开始分解产生不可燃气体，稀释可燃气体的同时还对脱水形成的炭层进行发泡膨胀，形成稳定坚固、致密膨胀的炭层，将熔融状态的聚合物与火焰分隔开，形成保护层。这层致密炭层具有隔热、绝氧、抗滴落和抑烟的作用。

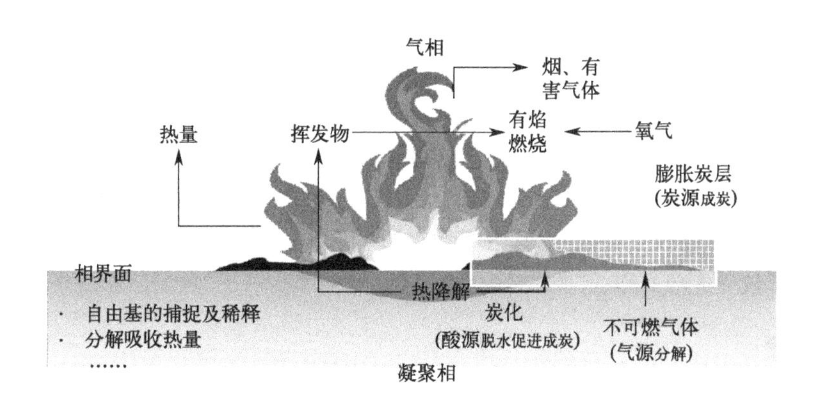

图 1 膨胀型阻燃剂的阻燃机理

聚磷酸铵（APP）是一种含氮和磷的聚合型阻燃剂，其特点是含磷量大、含氮量高、磷氮体系产生协同效应、阻燃性能好，而且无毒无味；燃烧时的生烟量极低，不产生卤化氢。但 APP 耐水性差、与基材相容性差等缺点，在一定程度上限制了其应用。微胶囊包覆作为一种有效的改性方法，在 APP 改性中得到了广泛的应用。目前，APP 微胶囊包覆壳材主要包括蜜胺树脂、环氧树脂、硅树脂、聚氨酯等多种壳材。其中蜜胺树脂自身含有大量氮元素，经过蜜胺树脂包覆，APP 的耐水性以及与 PLA 的相容性得到提高，且对 PLA 的阻燃性能也得到明显提高。

(4) 阻燃仪器测试标准

① 垂直燃烧测试。是表征聚合物材料燃烧性能的一种测试方法，根据国家标准 GB/T 2408—2021 对聚乳酸及其复合材料进行燃烧测试，样品的具体尺寸为 100 mm×13 mm×3.2 mm。详细的测试方法：

将待测样条以垂直方向固定于仪器的样品架上，在样品正下方 30 cm 处放置干燥蓬松的脱脂棉以测试样品燃烧熔滴是否带火焰残留，然后使用含丙烷的点火器对准样品的正底部进行点火，所用的火焰高度调节为 2 cm，并在点火 10 s 以后迅速撤离火焰，记录下第一次的点火时间 t_1。如果观察到火焰熄灭，再次迅速将点火器置于样品下方点火 10 s，同上一步点火完成后迅速撤离火焰，然后记录下第二次的燃烧时间 t_2。同时观察样品燃烧时是否有熔滴产生，若有记录熔滴是否引燃脱脂棉。

② 极限氧指数（LOI）测试。在标准环境下，测试聚合物在规定时间内燃烧固定长度所需要的氧气浓度。LOI 测试的依据标准为 GB/T 2406.2—2009，样品的具体尺寸为 100 mm×6.5 mm×3 mm。通过调节氧气与氮气的体积比例来设置不同的氧气浓度，将样品以垂直方向放置于样品架上，然后将丙烷点火器置于样品上方点燃样品后，使得样品在 3 min 内燃烧长度为 5 cm，并记录此时的氧气浓度，每种样品测试 5 次，取平均值，即为此样品的氧指数。

三、实验原料与设备

1. 实验原料

聚磷酸铵（APP）（分子量＞1000），氢氧化钠溶液（10%溶液），三聚氰胺（MEL），无水乙醇（＞96%），聚乳酸（PLA）（4032D），盐酸溶液（10%），甲醛溶液（37%）等。

2. 实验设备

集热式磁力搅拌器（1 台），密闭式塑炼机（1 台），离心机（1 台），切割机（1 台），鼓风干燥箱（1 台），注塑机（1 台），电子天平（1 台），氧指数仪（1 台），冲击试验机（1 台），水平垂直燃烧仪（1 台），电子万能试验机（1 台），傅里叶变换红外光谱仪（1 台），热重分析仪（1 台）等。

四、实验步骤

1. 蜜胺树脂包覆聚磷酸铵的合成

称取 25.29 g 三聚氰胺（0.2 mol）置于 500 mL 三口烧瓶中，加入 100 mL 去离子水和 80 g 甲醛溶液（$n_{三聚氰胺}:n_{甲醛}=1:5$）后充分搅拌。用 10% 的 NaOH 溶液调节 pH 值为 8～9，升温至 80℃ 反应 0.5～1 h，当溶液由浑浊变澄清时，即得三聚氰胺/甲醛（MF）预聚物溶液。

将 80 g APP 均匀分散于 150 mL 无水乙醇中，搅拌 1 h 后，加入上述 MF 预聚体，搅拌，用 10%盐酸溶液调体系 pH＝4～5，转入 500 mL 三口烧瓶，升温至 80℃反应 3 h，趁热过滤得到沉淀物，用去离子水洗涤至中性，放入 80℃烘箱干燥 24 h，制得蜜胺甲醛树脂包覆聚磷酸铵（MFAPP）粉末。

2. PLA 阻燃材料的混炼

实验前，先将原料（PLA 和 APP 或 MFAPP）于 80℃烘箱中干燥 12 h。然后将其按一定的质量比加入密闭式塑炼机中进行熔融混炼。加工参数设定为 190～210℃，转速为 100 r/min，混炼时间为 15 min。

3. PLA 阻燃材料的成型

将密炼后的 PLA 样品经切割机转换为小颗粒后，通过注塑机注塑成型以备测试，注塑温度为 190～210℃，注塑样条待机械性能（拉伸、冲击）和阻燃性能（LOI 和 UL94）测试用。

4. 结构与性能表征

① 溶解度。将样品 APP 或 MFAPP 研磨过 100 目筛，然后称取 5 g 样品加入 250 mL 烧杯中，加入 100 mL 去离子水，将烧杯置于不同温度下搅拌溶解 30 min 后，将液体转入离心管中，在 5000 r/min 转速下离心 10 min，倒掉清液，将残余物于 80℃干燥 24 h，取上清液 10 mL 于坩埚中（质量为 m_1）中，烘干，称其质量 m_2，其在 100mL 水中的溶解的质量（g）计算如下：

$$溶解度=(m_2-m_1)\times100/10$$

② 形貌分析。分别称取 0.1 g APP 和 MFAPP，超声分散于 10 mL 无水乙醇中，然后滴在导电胶上，烘干后采用扫描电子显微镜（SEM）对其形貌进行表征。

③ 红外光谱（FTIR）分析。采用溴化钾压片法制备 APP、MEL 和 MFAPP 薄片，采用红外光谱仪测试其红外光谱图，扫描次数为 32 次，分辨率为 4 cm^{-1}，扫描范围为 4000～400 cm^{-1}。

④ 热重分析（TGA）。取 5 mg 左右 APP 和 MFAPP 样品，在氮气气氛中测试，测试温度为 25～700℃，升温速率为 10℃/min。

⑤ 极限氧指数（LOI）测试。采用氧指数根据 GB/T 2406.2—2009《塑料 用氧指数法测定燃烧行为 第 2 部分：室温试验》进行测试，测试样条尺寸为 10 mm×6.5 mm×3 mm（长×宽×高）。

⑥ 垂直燃烧（UL94）测试。采用水平垂直燃烧仪根据 GB/T 2408—2021《塑料 燃烧性能的测定 水平法和垂直法》进行测试，样条尺寸为 100 mm×13 mm×3.2 mm（长×宽×高），每个样品重复测试 5 次，取其平均值。

⑦ 拉伸强度测试。按照 GB/T 1040.2—2022 测定，标距为 50 mm，宽度为 10 mm，厚度为 4 mm 的哑铃型拉伸样条，拉伸速率为 10 mm/min，每个样品重复测试 5 次，取其平均值。

⑧ 缺口冲击强度测试。按照 ISO 179-1 测定，试样尺寸为 80 mm×10 mm×4 mm，

每个样品重复测试 5 次，取其平均值。

五、实验结果与讨论

1. 产品外观：__________；产品产率：__________；溶解度：__________。

2. PLA 阻燃材料的混炼参数见表 1。

表 1 PLA 阻燃材料的各组分含量

样品名称	PLA/g	APP/g	MFAPP/g
PLA	300	—	—
PLA/2%APP	294	6	—
PLA/4%APP	288	12	—
PLA/6%APP	282	18	—
PLA/8%APP	276	24	—
PLA/2%MFAPP	294	—	6
PLA/4%MFAPP	288	—	12
PLA/6%MFAPP	282	—	18
PLA/8%MFAPP	276	—	24

3. 记录 SEM 观测到的 APP 与 MFAPP 的形貌及尺寸。

4. 绘制 APP 与 MFAPP 的红外光谱图，分析其结构变化。

5. 绘制 APP 与 MFAPP 的热重曲线图，分析改性后 MFAPP 的起始分解温度、残炭率、分解速率的变化。

6. 记录 PLA 样品的拉伸强度、弹性模量、断裂伸长率和冲击强度（平均值+误差），分析阻燃剂含量对 PLA 材料机械性能的影响趋势，比较 APP 改性后对 PLA 材料机械性能的变化，并分析原因。

7. 记录 PLA 样品的垂直燃烧时间、滴落情况、垂直燃烧等级（UL94 等级）及 LOI 值，分析阻燃剂含量对 PLA 材料阻燃性能的影响趋势，比较 APP 改性后对 PLA 材料阻燃性能的变化，并分析原因。

六、思考题

1. 三聚氰胺甲醛树脂为什么可以提高聚磷酸铵（APP）的耐水解性？

2. 高分子材料阻燃常用的阻燃剂有哪些（可按阻燃元素分类）？

3. 为何阻燃剂的加入一般会恶化高分子材料的机械性能？

七、参考文献

[1] Xu Y J, Qu L Y, Liu Y, et al. An overview of alginates as flame-retardant materials: Pyrolysis behaviors, flame retardancy, and applications. Carbohydrate Polymers, 2021, 260: 117827.

[2] Huo S Q, Song P A, Yu B, et al. Phosphorus-containing flame retardant epoxy thermosets: Recent advances and future perspectives. Progress in Polymer Science, 2021, 114: 101366.

[3] Chen X S, Ma Y H, Cheng Y J, et al. Synergistic effect between a novel silane-containing hyperbranched polyphosphamide and ammonium polyphosphate on the flame retardancy and smoke suppression of polypropylene composites. Polymer Degradation and Stability, 2020, 181: 109348.

[4] Zhu J S, Ji L J, Chen K, et al. Modification of ammonium polyphosphate with melamine, formaldehyde resin. Polymer Materials Science and Engineering, 2015, 31 (4): 164-167.

[5] Camino G, Costa L, Martinasso G. Intumescent fire-retardant systems. Polymer Degradation and Stability, 1989, 23 (4): 359-376.

实验 4

壳聚糖/铝氧化物复合材料的制备、表征及对金属离子的吸附性能研究

一、实验目的

1. 掌握高分子/无机氧化物复合材料的制备方法。
2. 熟悉高分子复合材料的常见表征手段。

二、实验原理

重金属如铜（Cu）、汞（Hg）、铅（Pb）等，由于其在环境中的持久性和生物累积性，已成为全球范围内关注的环境问题之一。这些金属元素在自然界中不可降解，能够通过食物链对生态系统和人类健康造成严重影响。特别是在工业化进程中，由于矿产开采、金属加工、电子废弃物处理等活动的增加，重金属的排放量显著上升，进而增加了这些有害物质进入水体和土壤环境的风险。例如，汞可以通过水生生物累积，最终影响到人类，造成神经系统疾病和生殖系统问题；铅暴露则与儿童发育迟缓、智力下降和行为问题有关。这些危害凸显了去除环境中重金属离子的紧迫性。

重金属具有毒性大、生物富集性强、不可自然降解及来源复杂等特点，对生态环境造成了严重的危害，因此含重金属废水的治理已越来越受到人们的关注。去除工业废水中重金属离子的方法主要有化学沉淀法、微电解-混凝沉淀法、吸附法等方法。在多种去除方法中，吸附法因其简便性、高效性和成本效益比较高而成为研究的重点。吸附法的关键在于吸附剂的选择，它直接决定了吸附过程的效率和效果。传统的吸附剂，如活性炭、氧化铝和氧化硅，虽然广泛使用，但它们在特定条件下的吸附容量有限，且可能存在再生和回收难题。吸附剂的基质材料可以是无机物（如氧化铝、氧化硅、活性炭等），也可以是高聚物（如聚丙烯酰胺、聚甲基丙烯酸羟乙酯、壳聚糖等）。

壳聚糖作为一种天然高分子材料，因其生物相容性、生物可降解性和丰富的功能性基团（如氨基和羟基），在重金属离子吸附方面显示出了巨大的潜力。壳聚糖是自然界中储量仅次于纤维素的天然高分子材料甲壳素脱乙酰化反应后得到的产物，分子链上存在大量的羟基和氨基。氨基可以与重金属离子形成稳定的配合物，而羟基则可以通过氢键作用增强这种相互作用，因此壳聚糖可作为良好的吸附剂用于废水中重金属离子的吸附。然而，壳聚糖本身的一些物理化学性质限制了其在实际应用中的性能，例如，壳聚糖在酸性溶液中会部分溶解造成吸附剂的损失；由于壳聚糖分子链间和分子链内部氢键的存在，限制了吸附能力；壳聚糖的机械强度、热稳定性和化学稳定性也都有待进一步提高。

Al_2O_3 等无机化合物表面含有丰富的羟基，也可作为吸附剂用于废水中重金属离子的处理，但它们在水溶液中容易失活、不易沉降、吸附能力有限并且难以回收和再利用，

因此应用受到了限制。针对这些限制，科研人员探索了将壳聚糖与无机材料（如铝氧化物）结合的方法。铝氧化物作为一种无机材料，不仅能够提高复合材料的机械强度和热稳定性，还能通过其表面的羟基与重金属离子形成更稳定的配合物，从而提高吸附性能。此外，铝氧化物的引入还可以提高材料在酸性环境中的稳定性，减少壳聚糖的溶解损失，增强材料的使用寿命和经济性。

有机高分子化合物/无机物复合材料兼具高分子化合物和无机物的优点。本实验利用铝化合物具有路易斯酸、壳聚糖上的羟基和氨基具有路易斯碱的性质，以壳聚糖和异丙醇铝为原料，采用化学键合方法在壳聚糖分子链单元上引入金属氧化物，制备壳聚糖-铝氧化物复合材料。这一方法能够确保铝氧化物均匀分散在壳聚糖基质中，并与壳聚糖分子链上的功能性基团形成稳定的化学键。这种化学键的形成不仅增加了复合材料的内聚力，还有助于提高其对重金属离子的吸附容量和选择性。通过FTIR、SEM和TG对其表面复合情况和热稳定性进行表征，考察这种复合材料对Cu^{2+}、Hg^{2+}等金属离子的吸附性能，并与壳聚糖和氧化铝的吸附性能和稳定性进行比较。

三、实验原料与设备

1. 实验原料

壳聚糖（脱乙酰度90%），异丙醇铝（C.P.），乙二胺四乙酸（A.R.），六亚甲基四胺（A.R.），浓硝酸（A.R.），甲苯（A.R.），无水乙醇（A.R.），硝酸铜（A.R.），硝酸汞（A.R.）等。

2. 实验设备

集热式磁力搅拌器（1台），电热恒温鼓风干燥箱（1台），电子天平（1台），真空干燥箱（1台），循环水真空泵（1个），分析天平（1台），热重分析仪（1台），傅里叶变换红外光谱仪（1台），扫描电子显微镜（1台）等。

四、实验步骤

1. 壳聚糖-铝氧化物复合材料的制备

在装有回流冷凝管的氮气保护的250 mL三口烧瓶中依次加入100 mL干燥甲苯和3 g异丙醇铝，50℃下磁力搅拌30 min后，再加入10 g壳聚糖，升温至120℃，回流5 h。停止反应，过滤后依次用无水甲苯、无水乙醇、蒸馏水分别洗涤产物3次。最后将产品放入80℃烘箱中烘干，得壳聚糖-铝氧化物复合材料。用煅烧法测量复合材料中铝氧化物的质量分数。

2. 壳聚糖-铝氧化物复合材料的表征

壳聚糖及复合材料的傅里叶变换红外光谱（FTIR）采用美国Nicolet公司的Nexus 470红外光谱仪表征（溴化钾压片）；形貌利用扫描电子显微镜（SEM）直接观察；热稳定性采用德国NETZSCH TGA209型热重（TG）分析仪在氮气保护下进行测试，升温速率为10℃/min。

3. 吸附实验

取一定量的硝酸铜[$Cu(NO_3)_2$]或硝酸汞[$Hg(NO_3)_2$]放入烧杯中溶解后，再转入100 mL容量瓶中，用水稀释至刻度，摇匀，配成浓度为0.01 mol/L的离子溶液。

准确称取20 mg复合材料置于试管中，加入10 mL离子溶液，于室温下恒温振荡2 h，离心后，取2 mL上层清液，用乙二胺四乙酸（EDTA）标准溶液滴定剩余离子，缓冲溶液为20%的六亚甲基四胺。Hg^{2+}和Cu^{2+}滴定方法如下。

① Hg^{2+}的滴定。取2mL Hg^{2+}溶液于锥形瓶中，滴加2滴1∶3的HNO_3溶液，然后加入5 mL六亚甲基四胺溶液（pH=5～5.5），再滴加2滴二甲基酚橙指示剂，此时溶液为紫红色，用EDTA标液滴定到溶液由紫红色变为亮黄色即可。

② Cu^{2+}的滴定。取2 mL Cu^{2+}溶液于锥形瓶中，加入2 mL无水乙醇溶液，然后滴加2滴1∶3的HNO_3溶液，再滴加2滴PAN指示剂，此时溶液为紫红色，用EDTA标液滴定到溶液由紫红色变为亮黄色即可。

计算壳聚糖-铝氧化物复合材料吸附金属离子的吸附率和吸附容量。在同样条件下以壳聚糖为吸附剂吸附金属离子并计算其吸附率和吸附容量。

五、实验结果与讨论

吸附率A（%）及吸附容量Q的计算如下：

$$A=(c_0-c)/c_0$$

$$Q=(c_0-c)VM/m$$

式中，A为吸附率，%；Q为吸附量，mg/g；c_0为吸附前离子溶液浓度，mol/L；c为吸附后离子溶液浓度，mol/L；m为复合材料质量，g；M为金属盐的摩尔质量，g/mol；V为吸附离子溶液的体积，mL。

六、思考题

1. 对壳聚糖及复合材料的FTIR、SEM和TG表征结果进行分析，并给出合理解释。
2. 与壳聚糖相比，为什么壳聚糖-铝氧化物复合材料的吸附性能得到明显改善？

七、参考文献

[1] 谢光勇，杜传青．壳聚糖复合材料对废水中汞离子的吸附．工业水处理，2009，29（5）：24-26，46.

[2] 谢光勇，杜传青．壳聚糖-铝氧化物复合材料的制备、表征及吸附性能．离子交换与吸附，2009，25（3）：200-207.

实验5

硅胶负载钒铬复合氧化物的合成及其催化对氯甲苯氨氧化反应研究

一、实验目的

1. 了解和初步掌握多相催化剂的制备方法、常规表征方法、性能评价方法。
2. 掌握有机化合物的分离、纯化及表征方法。
3. 了解气体和液体物料的输送方法。
4. 掌握固定床反应器的结构和操作。

二、实验原理

催化反应是现代化学工业的基础之一，由现代化工生产过程提供的化学产品中大约有85%是借助催化过程生产的；其中多相催化过程在现有工业催化过程中占主导地位。催化剂是催化技术的核心，对催化工艺发展具有极其重要的作用。

对氯苯腈是重要的化工原料和有机中间体。汽巴-嘉基（Ciba-Geigy）公司经长达25年研究推出的一种新型高性能颜料C.I.颜料红254就是以对氯苯腈为原料生产的，从而使得对氯苯腈引起了人们的更多关注。从对氯苯腈出发，可以制得对氯苯甲酸、对氯苯甲酰胺、对氟苯甲腈、对氟苯甲酸、对氟苯胺等，可用于制造农药、医药、染料、香料、光电材料、树脂等，广泛应用于各个领域。

制备芳香腈类化合物的方法很多。对氯苯腈的经典制备方法是经相应的醛、醛肟或胺反应，这些方法原料价格高、反应路线长、环境污染严重。最先进、最经济且适合工业化生产的一种方法是氨氧化法。此法具有的优点：原料价廉易得；反应路线短，速度快；产品收率高，选择性好；副产物少，产品易处理，纯度高；设备简单，可连续生产；对环境友好；等等。以对氯甲苯为原料，通过氨氧化一步反应可制得对氯苯腈，方程式如下。

$$p\text{-Cl—Ph—CH}_3 + 3/2O_2 + NH_3 \xrightarrow{\text{cat.}} p\text{-Cl—Ph—CN} + 3H_2O$$

可以看出，除了产物对氯苯腈外，副产物是水，所以这个反应是典型的绿色经济性反应。

氨氧化反应的关键是制备高效的催化剂。对氯甲苯氨氧化反应一般使用含钒氧化物作催化剂；工业上一般使用负载型催化剂。负载型催化剂与未负载的催化剂相比有很多优势，例如活性物种的分散度、机械强度、耐热强度以及产物的选择性等都会有所改善。载体的加入一方面可以减少活性组分的用量，降低生产成本；另一方面有利于催化剂成型，便于形成微米级球形颗粒，特别是载体可以起结构支撑作用，使催化剂具有一定的强度，延长催化剂的使用寿命。此外，载体还会与活性组分发生相互作用从而极大影响催化剂的性能。在制备负载型催化剂的方法中，普通浸渍法制备的负载型催化剂在工业流化床中可能出现流化不佳、性能不稳定的现象，导致反应温度骤升。如果催化剂的机械强度不达标，催化剂颗粒之间的摩擦会导致活性组分脱落，催化剂颗粒也会变得更细小；如果热稳定性不佳，应用于高温反应如氨氧化反应时，反应温度会失控，导致催化剂失活，这些都不利于工业化生产。用喷雾干燥法制备催化剂时，可调控催化剂的粒度大小、堆积密度、水含量、化合物的形成等一系列可能会影响催化剂性能的参数。本实验以喷雾干燥法制备硅胶负载的钒铬复合氧化物为催化剂，催化对氯甲苯氨氧化反应制备对氯苯腈。

氨氧化反应是典型的多相催化反应。本实验的主题为硅胶负载钒铬复合氧化物的制备及催化对氯甲苯氨氧化反应，具体内容包括负载过渡金属复合氧化物的制备、结构表征和催化性能评价，还要求学生掌握有机化合物的分离分析方法以及化学工程中的一些基本知识，如物料的输送与平衡、反应过程中的传热与传质、反应器的构造等。

三、实验原料与设备

1. 实验原料

二水合草酸（A. R.），五氧化二钒（A. R.），三氧化铬（A. R.），高纯氨气（99.999%），硅溶胶（30%），高纯氮气（99.999%）等。

2. 实验设备

高速离心喷雾干燥机（1台），电热恒温鼓风干燥箱（1台），空气压缩机（1台），马弗炉（1台），催化剂微型反应评价装置（1台），玻璃固定床反应器（1台），X射线衍射仪（1台），气相色谱仪（1台），气相色谱-质谱联用仪（1台），X射线光电子能谱仪（1台），激光粒度分析仪（1台），傅里叶变换红外光谱仪（1台）等。

四、实验步骤

1. 硅胶负载的钒氧化物催化剂的制备

硅胶负载催化剂可以通过不同方法制备，本实验采用工业上常用的高速离心喷雾干燥法。Cr与V的原子比为1∶1，金属氧化物与载体 SiO_2 质量比分别为30∶70和50∶50，即金属氧化物含量分别为30%和50%。金属氧化物含量为50%时的具体流程：

先将101.8563 g二水合草酸（$H_2C_2O_4 \cdot 2H_2O$）溶解于80℃水浴加热的蒸馏水中，然后加入16.3473 g五氧化二钒（V_2O_5），搅拌使之充分反应，伴随产生大量气泡，反应完全后，溶液变为深蓝色；再缓慢加入17.9641 g三氧化铬（CrO_3），产生大量气泡，反应至不再产生气泡为止，得到均一的墨绿色溶液。将得到的墨绿色溶液浓缩至100 mL，冷却至温热后加入100 g质量分数为30%的硅溶胶，搅拌均匀后通过离心喷雾干燥机制备得到催化剂前驱体。将前驱体置于马弗炉中，先从室温升温至300℃并保持2 h，升温速率为5℃/min；再从300℃升温至550℃并保持4 h，升温速率为5℃/min。待其自然冷却至室温，即可得到所制备的催化剂，装瓶备用，记为Cat-50。

金属氧化物含量为30%的具体流程：

$H_2C_2O_4 \cdot 2H_2O$、V_2O_5 和 CrO_3 用量分别为61.1138 g、9.8084 g和10.7785 g，溶液浓缩至60 mL，加入质量分数为30%的硅溶胶140g，其他步骤同上，记为Cat-30。

草酸与 V_2O_5、CrO_3 反应的化学方程式如下式所示。

$$V_2O_5+3H_2C_2O_4 = 2VOC_2O_4+2CO_2\uparrow+3H_2O$$

$$2CrO_3+6H_2C_2O_4 = Cr_2(C_2O_4)_3+6CO_2\uparrow+6H_2O$$

2. 催化剂的表征

硅胶负载的钒氧化物催化剂和纳米钒氧化物催化剂分别通过X射线衍射（XRD）、粒度分布、傅里叶变换红外光谱（FTIR）、X射线光电子能谱（XPS）等手段进行表征。催化剂样品的粒度分布在LS603型激光粒度分析仪上测定。催化剂体相结构由X射线衍射（XRD）仪测定，使用Cu Kα射线（40 kV，40 mA，$\lambda=0.15406$ nm），扫描范围（2θ）为10°～80°，扫描速度为0.01°/s；对照国际粉末衍射标准联合委员会（JCPDS）的标准XRD数据资料确认物相。催化剂表面元素的价态及比例可用X射线光电子能谱（XPS）仪表征，使用Al Kα射线，以污染碳的 C_{1s} 峰（284.8 eV）作结合能校准。在美国Nicolet公司生产的Nexus470型傅里叶变换红外光谱仪上测定红外光谱，制样时，取一定量的溴化钾（KBr）置于研钵中，再加入少量待测样品，充分研磨混合均匀，然后取适量分散好的样品压片制样，进行测试。

3. 催化剂活性评价

甲基芳烃氨氧化反应一般采用固定床或流化床反应器通过多相催化的方法来制备苯腈，即反应原料气化混合后进入催化剂床层，在固体催化剂表面反应，产物离开催化剂后经冷凝、分离纯化即可得芳香腈。

催化剂活性评价在自制的催化剂微型反应评价装置和玻璃固定床反应器上进行。催化剂微型反应评价装置为带三个气路和一个液路的固定床微型反应器，流程图如图1所示。反应原料对氯甲苯经高压恒流泵定量输送到气化室气化，与经气体流量计计量的氨气和空气混合后，进入固定床反应器，在催化剂的作用下进行氨氧化反应，反应温度由外加热维持，并由温控仪控制和调节，反应后的产物冷凝后，溶入乙醇溶剂中，尾气经尾气排放管排出室外。

具体实验步骤：

石英管中装入0.5 g硅胶负载的钒铬复合氧化物催化剂，三个气路分别接空气、氨气和氮气，高压恒流泵的进样管接入甲苯溶液中。装置连接好后，通入氨气，用浓盐酸检测装置的气密性。检查完毕后，将氨气换成空气，开始升温，气化室温度控制在300℃，石英管温度控制在400～440℃，产物室温度控制在250℃。温度稳定后，通入氨气，同时打开高压恒流泵通入对氯甲苯，对氯甲苯进料量为1.0 mL/h，空气、氨气和对氯甲苯的体积比为15∶3∶1，分别控制反应温度为400℃、410℃、420℃、430℃和440℃，每一个温度下稳定反应20 min后，更换产物接收管并开始计时，收集10 min的反应产物。

产品经气-质联用定性分析，经气相色谱进行定量分析，以计算原料对氯甲苯的转化率（%）、产物对氯苯腈的收率（%）和选择性（%）。有关计算公式如下所示：

$$转化率=1-\frac{未反应原料的物质的量}{所进原料的物质的量}$$

$$收率=\frac{所得产品的物质的量}{应得产品的物质的量}$$

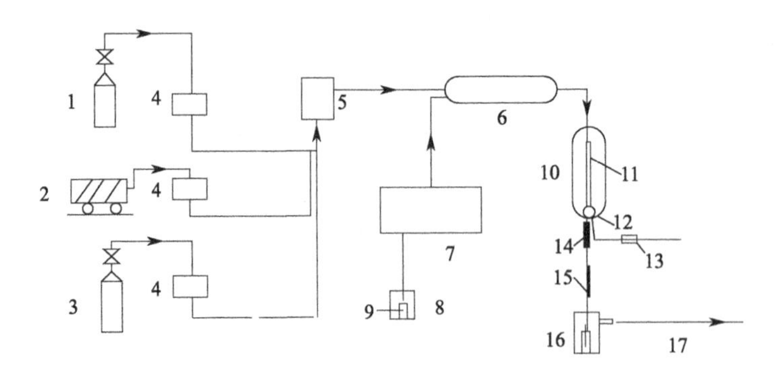

图 1 甲基芳烃氨氧化反应流程图

1—氨气；2—空气压缩机；3—氮气；4—气体流量计；5—气体混合室；6—气化室；7—高压恒流泵；8—原料对氯甲苯；9—过滤头；10—反应炉；11—石英管；12—产物室；13—热电偶；14—加热带；15—空气冷凝；16—产物接收管；17—尾气排放管

$$选择性=\frac{收率}{转化率}$$

确定最佳反应温度后，在自制玻璃固定床反应器上进行验证。如图 2 所示，由钢瓶气化流出的氨气，先经过稳压瓶稳定气压，再通过玻璃转子流量计定量，定量后的氨气与同样经过玻璃转子流量计定量的空气混合，混合后的气体进入气化器内。反应原料通过微量注射泵精确计量后注入气化器内，在气化器内受热、气化，并与氨气、空气初步混合后自下而上进入反应器内。初步混合后的气体先经过反应器底部的石英砂层进行预热同时进一步混合，再与催化剂（催化剂装载量为 20 g）床层接触、反应，催化剂床层的温度通过控温仪控制，反应生成的产物及未反应的原料由反应器侧面的支管流出，被捕集器收集于球形冷凝器中，尾气经过处理后放空。反应经过预反应 30 min 后正式开始收集，每次的收集时间为 4～8 h，产物经水洗、抽滤、烘干、称重后计算收率。

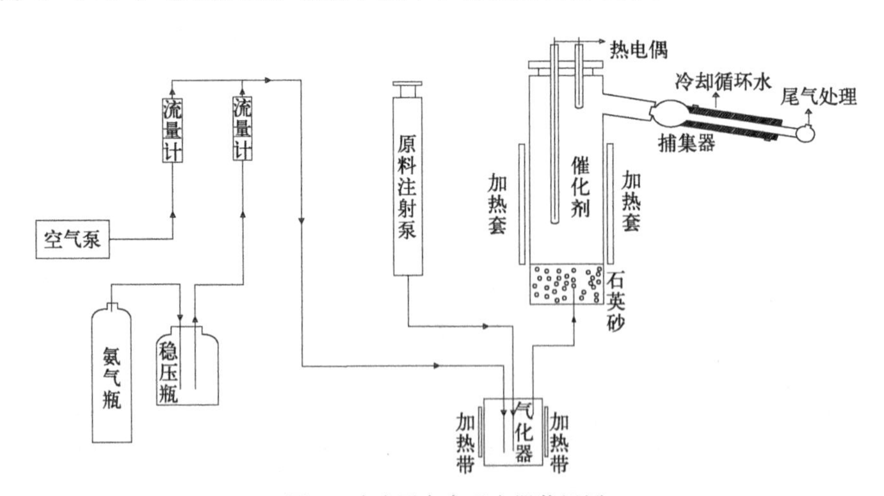

图 2 玻璃固定床反应器装置图

五、实验结果与讨论

1. 对不同手段表征的硅胶负载钒铬复合氧化物的结构进行解析，初步了解不同氧化物含量的钒铬复合氧化物的结构，并与催化活性结果进行关联，分析结构对催化性能的影响。

2. 利用气相色谱分析结果计算不同催化剂和不同反应温度时对氯甲苯的转化率、产物对氯苯腈的收率和选择性的影响。

六、思考题

1. 硅胶负载复合氧化物催化剂除了本实验所用的喷雾干燥法制备外，还可用哪些方法进行制备？

2. 如何利用气相色谱进行定量分析？

3. 比较不同金属氧化物含量的硅胶负载钒铬复合氧化物催化剂活性的大小，结合表征结果并查阅相关文献，初步探讨活性不同的原因。

4. 本实验所用的多相催化的方法与均相催化相比有什么优缺点？

七、参考文献

[1] Du C Q，Huang Y Y，Tang W J，et al. Spray dried VCrO/SiO_2 micro-spheroidal catalyst for the ammoxidation of *p*-chlorotoluene. Research on Chemical Intermediates，2023，49：5361-5374.

[2] Tang W，Zheng H，Xie G，et al. Hollow flower-like $Cr_2V_4O_{13}$ hierarchical micro-nano architectures：Controlled self-assembly synthesis and the outstanding catalytic performances for ammoxidation of chlorotoluenes. Molecular Catalysis，2022，518：112062.

[3] Huang Y Y，Li T C，You Q L，et al. Solvothermal synthesis and characterization of nanocrystalline vanadium-chromium composite oxides and catalytic ammoxidation of 2,6-dichlorotoluene. Chinese Journal of Catalysis，2018，39（11）：1814-1820.

实验 6

二氧化铈负载铂单原子催化剂的制备及催化甲烷干重整反应性能研究

一、实验目的

1. 掌握二氧化铈负载铂单原子催化剂的制备方法。

2. 学习并掌握使用 X 射线光电子能谱（XPS）仪、激光共焦拉曼光谱仪等各种测试仪器对催化剂进行结构表征。

3. 掌握甲烷-二氧化碳重整反应性能测试。

4. 掌握相关软件的使用和数据处理及分析等。

二、实验原理

C_1 小分子资源的绿色催化转化可提升含碳资源的利用效率，促进能源消费结构的调整和低碳转型。甲烷-二氧化碳重整（甲烷干重整，DRM）反应高效转化温室气体（CH_4/CO_2）为高附加值化工原料合成气（CO/H_2），用于生产洁净能源，可促进“双碳”目标的实现。DRM 的工业应用挑战在于高能耗和催化失活问题，核心技术是开发抗烧结、抗积碳和高催化效率的金属催化剂。传统 DRM 催化剂以贵金属 Pt 催化剂和非贵金属 Ni 催化剂为代表，前者具有更好的催化剂性能，后者则具有价格优势。

近年来，单原子催化剂（SACs）的提出与发展，使贵金属催化剂具有更广阔的应用前景。SACs 的活性中心是单个原子，具有独特的电子结构和不饱和配位环境；理论上具有 100%原子利用率，在特定反应中则表现出高活性和特殊选择性。然而，Pt 单原子（Pt_1）稳定性是其应用的主要挑战，依赖于载体表面结构和性质。二氧化铈（CeO_2）具有丰富的活性晶格氧（olattice oxygen），是常见的 SACs 载体，同时也是良好的 DRM 催化剂载体。此外，由于 CeO_2 表面特殊的氧化还原性能（$Ce^{4+} \rightleftharpoons Ce^{3+}$），表面 Ce^{4+} 还原为 Ce^{3+} 时会失去晶格氧而产生氧空位（V_O）。缺陷结构有助于金属原子的锚定，增强金属-载体相互作用力，促进反应物分子活化。特别是在 DRM 反应中，CeO_2 在抑制金属烧结和积碳方面具有积极作用。然而，SACs 在 DRM 反应中的应用较少，有文献报道 CeO_2 负载的钌单原子-镍单原子（Ru_1-Ni_1）双金属 SACs 具有良好的低温 DRM 反应性能，Ce 修饰的羟基磷灰石能够稳定 Ni_1 并具有良好的高温 DRM 反应性能。然而，二氧化铈负载铂原子（Pt/CeO_2）作为传统的 DRM 催化剂，其高昂的成本和催化剂失活问题一直困扰其实际应用，而单原子催化策略能够有效提高催化剂的原子利用率和催化活性。因此，二氧化铈负载铂单原子（Pt_1/CeO_2）在 DRM 反应中具有一定的研究价值和应用前景。

本实验主要围绕 Pt_1/CeO_2 设计、结构表征和催化反应过程等内容开展研究，如图 1

所示。首先，结合浸渍法和高温熟化过程合成 $Pt_1/p\text{-}CeO_2$（p 代表颗粒），并对其进行系统的结构表征和性能评价。在 V_O 作用下，CeO_2 锚定的 Pt 单原子为 +2、四配位 Pt—O—Ce 结构，Pt 原子反馈并修饰 CeO_2 表面，增加界面缺陷结构，并进一步稳定 Pt 原子。Pt-晶格氧单原子位点促进 CH_4 氧助解离和 H·转移，通过 CH_3O·中间体生产 CO，有效抑制了积碳，同时生成 V_O，促进 CO_2 与 H·的反应。通过 $Pt_1/p\text{-}CeO_2$ 界面催化策略，实现了低温起活、高温高效的 DRM 反应性能，为 SACs 界面结构设计和应用提供一定的实验经验和理论参考。

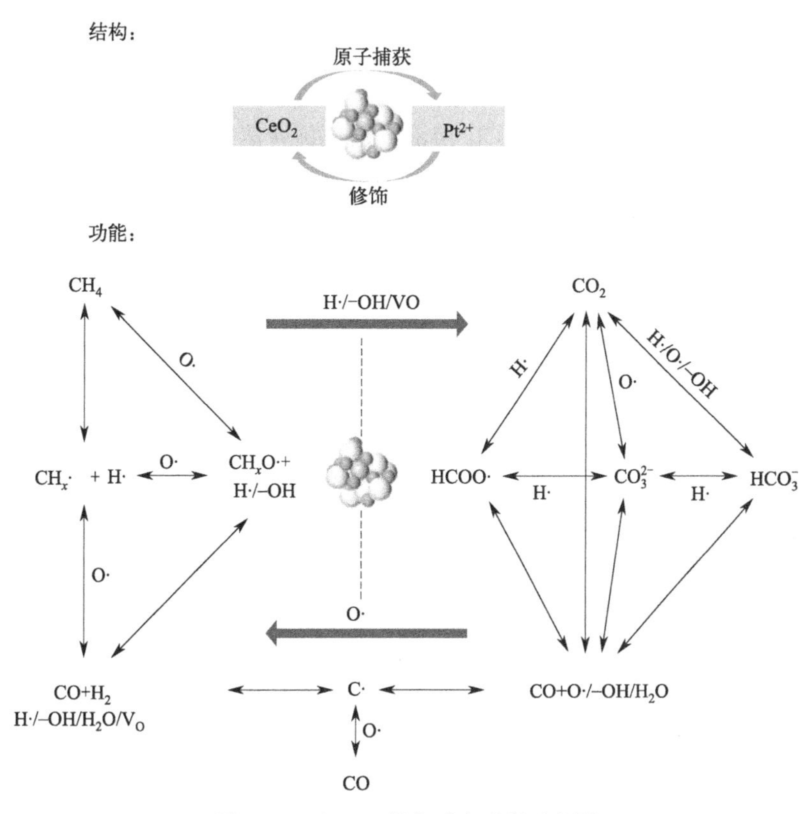

图 1 Pt_1/CeO_2 催化反应过程示意图

三、实验原料与设备

1. 实验原料

氯铂酸（A. R.），高纯氢气（99.999%），六水合硝酸铈（A. R.），高纯甲烷（99.999%），高纯二氧化碳（99.995%），高纯氮气（99.999%），高纯氢气（99.999%）等。

2. 实验设备

旋转蒸发仪（1 台），管式炉（1 台），循环水真空泵（1 台），集热式磁力搅拌器（1 台），电热恒温鼓风干燥箱（1 台），固定床反应器（1 台），马弗炉（1 台），气相色谱仪（1 台），扫描透射电子显微镜（1 台），激光共焦拉曼光谱仪（1 台），X 射线光电子能谱仪（1台），热重分析仪（1台）等。

四、实验步骤

1. 载体的制备

由六水合硝酸铈[$Ce(NO_3)_3 \cdot 6H_2O$]在350℃的马弗炉中直接焙烧2 h（升温速率为2 ℃/min），然后研磨制得载体。

2. 催化剂（Pt_1/CeO_2）的制备

以H_2PtCl_6溶液为Pt原料通过浸渍法制备负载量为1%（质量分数）的Pt催化剂。首先，取适量8%（质量分数）H_2PtCl_6溶液，通过旋转蒸发过程将H_2PtCl_6溶液浸渍于步骤1中制备的CeO_2载体上，加热温度程序：45～80℃，每0.5 h升温5℃。到达80℃后维持2 h，随后将所得产品静置12 h。接下来，将产品置于80℃的电热恒温鼓风干燥箱中干燥12 h。最后，将所得催化剂置于马弗炉中，在800℃条件下焙烧10 h，升温速率为2℃/min，并通过研磨制得Pt_1/CeO_2。

3. 纳米材料的表征

利用扫描透射电子显微镜（STEM）表征纳米材料的形貌结构。利用X射线光电子能谱（XPS）仪表征催化剂表面元素的电子结构和化学性质，以单色化Al Kα靶（$h\nu=$1486.6eV）为X射线，真空度优于2.0×10^{-7} Pa，能量分辨率为0.47 eV，最小分析面积为100 μm^2。荷电校正方法为碳外标法（C_{1s}，284.8 eV）。在室温下，利用激光共焦拉曼光谱仪分析催化剂表面的缺陷结构和碳物种结构，由氩离子连续激光（Ar^+，532 nm）投射到样品上，其中，物镜为50倍，对焦时间为30 s，扫描范围为4000～80 cm^{-1}，分辨率为2 cm^{-1}。利用热重分析仪表征催化剂表面积碳含量，测试气氛O_2与N_2的体积比为1∶1（20 mL/min），升温速率为10℃/min。

4. 催化剂性能评价

利用固定床反应器评价催化剂的低温活性。称取0.2 g催化剂置于内径为12 mm的反应管中，反应温度（T）在350～500℃范围，反应压力（p）为0.1 MPa，反应气体CH_4与CO_2的体积比为1∶1，气时空速（GHSV）为36 L/(g·h)。采用在线气相色谱对反应气体组分进行分析，平衡组分由HSC Chemistry 6.0软件计算获取，组分为CH_4(g)、CO(g)、CO_2(g)、H_2(g)、H_2O(g)。

催化剂的稳定性评价反应条件：$T=$ 800℃，$p=$ 0.1MPa，CH_4、CO_2、N_2的体积比为1∶1∶2，气时空速（GHSV）= 36L/(g·h)。

五、实验结果与讨论

1. 分析催化剂的形貌结构。
2. 分析催化剂的活性位电子结构。
3. 记录并分析催化剂的活性评价结果。

4. 记录并分析催化剂的稳定性评价结果。
5. 分析反应后回收催化剂的烧结和积碳。

六、思考题

1. 解释一下铂单原子催化剂的活性位电子结构。
2. 反应物在铂单原子催化剂上的活化过程是怎样的？
3. 为什么铂单原子催化剂具有一定的抗烧结和抗积碳性能？

七、参考文献

[1] Shen D Y，Li Z，Shan J，et al. Synergistic Pt-CeO_2 interface boosting low temperature dry reforming of methane. Applied Catalysis B：Environmental，2022，318：121809.
[2] 申东阳. Pt/CeO_2 单原子催化剂界面调控及其甲烷二氧化碳重整反应性能研究. 武汉：武汉科技大学，2023.
[3] Qiao B T，Wang A Q，Yang X F，et al. Single-atom catalysis of CO oxidation using Pt_1/FeO_x. Nature Catalysis，2011，3 (8)：634-641.
[4] Montini T，Melchionna M，Monai M，et al. Fundamentals and catalytic applications of CeO_2-based materials. Chemical Reviews，2016，116 (10)：5987-6041.
[5] Fu N H，Liang X，Wang X L，et al. Controllable conversion of platinum nanoparticles to single atoms in Pt/CeO_2 by laser ablation for efficient CO oxidation. Journal of the American Chemical Society，2023，145 (17)：9540-9547.

实验 7

Ni/MCF 催化剂改性及催化甲烷干重整反应性能研究

一、实验目的

1. 了解硅基介孔泡沫（MCF）的制备方法。

2. 掌握合成 Ni/MCF 催化剂的实验技能。

3. 学习并掌握使用 X 射线衍射仪和比表面积和孔隙度分析仪等测试仪器对纳米材料进行表征。

4. 掌握相关催化性能测试的仪器和软件的使用及分析等。

二、实验原理

甲烷-二氧化碳重整（甲烷干重整，DRM）反应在催化剂作用下能实现两种温室气体（CH_4 和 CO_2）转化为高附加值产品合成气（CO 和 H_2）的工业过程，在碳资源经济和低碳环保领域占据重要战略地位。然而，为活化极具稳定性的 C_1 小分子（CH_4 和 CO_2），反应需要在高温（一般＞700℃）下进行，这使催化剂容易因烧结和积碳等而失活。因此，该反应在化学反应热力学上极具挑战。自 1993 年 Rostrup-Nielsen 关于非贵金属和贵金属催化剂的研究以来，Ni 基催化剂被认为是最具前景的工业化催化剂，广泛应用于各类甲烷干重整反应。到目前为止，DRM 反应面临着两大困难：高能耗和催化剂失活。

在 DRM 反应中，催化剂活性中心的粒径大小、分散性与金属-载体相互作用力会直接影响催化剂初始活性和稳定性。活性金属粒径越小、分散度越高并具有一定金属-载体相互作用力的催化剂，其活性和稳定性越高。值得一提的是，载体和助剂的结构设计也直接关系到催化剂活性中心的物理和化学状态。近百年来，硅、铝类材料作为载体被广泛应用到多相催化领域，是目前工业生产最成熟的两类催化剂载体。其中氧化铝（Al_2O_3）载体极具酸性，而在酸性载体上，DRM 反应过程中催化剂会存在严重的积碳现象，导致催化剂失活。此外，过渡金属如镍（Ni）与 Al_2O_3 之间的相互作用力过强，往往会形成难还原物种，例如镍铝尖晶石，导致催化剂活性中心减少，催化活性降低。介孔二氧化硅（SiO_2）载体因其一定的化学惰性和可调控的孔道结构，具备极大应用优势。其中，硅基介孔泡沫（MCF）的孔道呈 3D 结构（图 1），大的球形孔主要由小的窗口孔相互连接，孔隙丰富，比表面积十分大，常用作纳米载体材料。Fang 等人通过改性浸渍法，在 Fe、Co 和 Ni 等金属盐溶液中引入 2-甲基咪唑有机物助剂，制备出 ZIF-67@KIT-6 催化剂。该方法通过在催化剂前驱体中引入金属-有机骨架结构，使过渡金属良好分散在多孔硅载体上，为 CO 氧化、CO_2 加氢以及 CH_4 重整反应等领域提供了催化剂结构设计思路。

基于前人的科学研究总结，在 DRM 反应中，Ni 基催化剂的催化性能与活性金属状态（如：粒径、分散度和电子特性）、助剂作用和载体乃至催化剂结构等方面直接相关。

因此，甲烷-二氧化碳重整反应的研究工作可以围绕改性 Ni 基催化剂结构与性质，以降低反应能耗，同时提高催化性能。本实验设计并合成硅基介孔泡沫（MCF）负载的 Ni 基催化剂，并通过 2-甲基咪唑对催化剂前驱体进行结构改性，研究前驱体结构对催化剂结构与催化反应性能的影响。

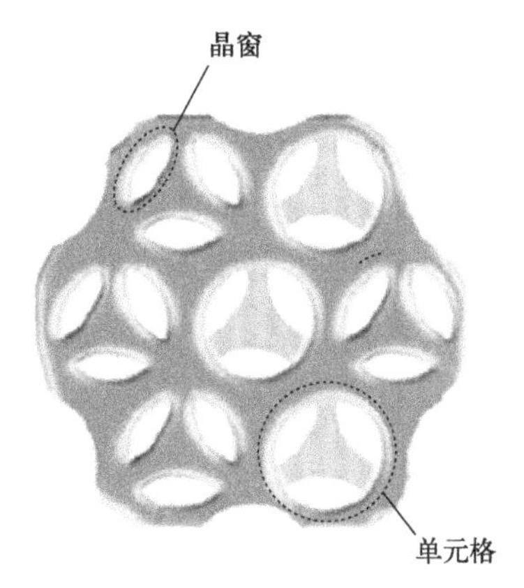

图 1 硅基介孔泡沫（MCF）的结构示意图

三、实验原料与设备

1. 实验原料

六水合硝酸镍（A. R.），高纯氢气（99.999%），2-甲基咪唑（A. R.），高纯甲烷（99.999%），正硅酸乙酯（A. R.），高纯二氧化碳（99.995%），聚环氧乙烷-聚环氧丙烷-聚环氧乙烷三嵌段共聚物（A. R.），高纯氮气（99.999%），苯（A. R.），盐酸（A. R.），蒸馏水等。

2. 实验设备

旋转蒸发仪（1 台），真空干燥箱（1 台），循环水真空泵（1 台），固定床反应器（1 台），电热恒温鼓风干燥箱（1 台），气相色谱仪（1 台），透射电子显微镜（1 台），X 射线衍射仪（1 台），比表面积和孔隙度分析仪（1 台），X 射线光电子能谱仪（1 台）等。

四、实验步骤

1. 硅基介孔泡沫（MCF）的制备

以正硅酸乙酯（TEOS）为硅源、聚环氧乙烷-聚环氧丙烷-聚环氧乙烷三嵌段共聚物（P123）为模板剂、苯为乳化剂，通过水热法合成 MCF 载体。具体步骤如下：

在 35℃水浴下，将 20.0 g P123 溶于 700 mL 的 HCl 溶液（2 mol/L）中，搅拌 2 h。然后，滴加 4.0 g 的苯，继续搅拌 2 h。接着缓慢加入 42.0 g TEOS，并继续搅拌 24 h。待反应完成，将所得悬浮液转移至不锈钢晶化罐内，于 100℃电热恒温鼓风干燥箱内晶化 24 h。经布氏漏斗过滤和蒸馏水洗涤以后，将产物置于真空干燥箱中进行干燥处理。进一步将收集得到的白色粉末（MCF）置于马弗炉中，在 550℃空气中焙烧 12 h 成型。使用前，载体于管式炉中在 800℃下空气煅烧 5 h，所有煅烧过程的升温速率为 2℃/min。

2. 催化剂的制备

① Ni/MCF-H_2O 催化剂的制备。通过在浸渍液中引入有机物添加剂对催化剂前驱体进行改性。首先将 0.89 g 的 $Ni(NO_3)_2 \cdot 6H_2O$ 溶于 1 mL 蒸馏水中配制成前驱液。称取 2.94 g 的 MCF，然后将前驱液通过旋转蒸发过程浸渍到上述载体，在 45℃旋转蒸发 30 min 后升温至 50℃，保持旋转蒸发以每 30 min 升 5℃升温至 65℃，保持 2 h，得到催化剂前驱体。将前驱体在 80℃下干燥 12 h 后，在 500℃下空气煅烧处理 6 h 得到产品。

② Ni/MCF-MI 催化剂的制备。在前驱液中加入 1.0 g 2-甲基咪唑（2-MI），添加蒸馏水至 2 mL，其他条件与上述过程保持一致。

3. 催化剂的表征

利用 X 射线衍射（XRD）仪检测催化剂的物相，X 射线源为 Cu Kα（$\lambda=1.5406$Å），工作环境电压为 38kV，大角扫描范围为 10°～80°，小角测试范围为 0.2°～5°。采用国际粉末衍射标准联合委员会（JCPDS）的标准 XRD 数据资料进行物相分析，各催化剂的活性金属平均晶粒尺寸大小采用谢乐公式由 XRD 谱图最强的衍射峰进行计算。采用透射电子显微镜（TEM）表征催化剂的形貌和结构，测试电压为范围在 20～200 kV，测试前先采用无水乙醇制样，即将少量样品在超声辅助下分散于无水乙醇中，利用石英毛细管取样液滴至镀有碳膜的铜网上，干燥后进行 TEM 测试。利用比表面积和孔隙度分析仪测试样品的比表面积和孔道结构，测试前在真空条件下进行 300 ℃脱气处理，以除去杂质气体，并采用 Brunauer-Emmett-Teller（BET）模型计算比表面积，通过 Barrett-Joyner-Halenda（BJH）模型计算孔径分布。采用 X 射线光电子能谱（XPS）仪分析催化剂表面元素价态和含量，使用 Al Kα 靶，能量分辨率为 0.47 eV，最小分析面积为 100 μm^2，荷电校正方法为碳外标法。

4. 催化剂性能评价

DRM 反应在固定床反应器（不锈钢，内径 12 mm）上进行评价。在反应前先对催化剂进行还原，在氮气气氛（30 mL/min）下以 1.6℃/min 升温速率升温至 550℃，再在氢气气氛中（30 mL/min）还原 3 h。然后，将 0.2 g 催化剂用 2.0 g 的 SiC 稀释，反应在常压下进行，CH_4 与 CO_2 的体积比为 1∶1，气时空速（GHSV）为 36 L/(g·h)，活性评价温度范围在 450～700℃，稳定性评价为恒温（450℃，600℃，650℃）测试。

五、实验结果与讨论

1. 记录并分析催化剂的 XRD、TEM、BET 比表面积、BJH 孔隙度和 XPS 表征。
2. 分析催化剂活性评价结果。
3. 分析催化剂稳定性评价结果。

六、思考题

1. 在浸渍液中引入 2-甲基咪唑，对催化剂结构有什么影响？

2. 讨论不同催化剂的结构与其催化重整反应性能之间的构效关系。

3. 催化剂制备过程中不同的处理方式对金属-载体相互作用力有什么影响？

七、参考文献

[1] Shen D Y, Wang J, Bai Y, et al. Carbon-confined Ni based catalyst by auto-reduction for low-temperature dry reforming of methane. Fuel, 2023, 399: 127409.

[2] 申东阳．Ni/MCF 催化剂的结构改性及其催化甲烷二氧化碳重整反应性能研究．武汉：中南民族大学，2020.

[3] Fang R Q, Tian P L, Yang X F, et al. Encapsulation of ultrafine metal-oxide nanoparticles within mesopores for biomass-derived catalytic applications. Chemical Science, 2018, 9 (7): 1854-1859.

[4] Han J W, Park J S, Choi M S, et al. Uncoupling the size and support effects of Ni catalysts for dry reforming of methane. Applied Catalysis B: Environmental, 2017, 203: 625-632.

实验 8

NHC 基团修饰的喹啉酸 MOFs 材料配体的合成与表征

一、实验目的

1. 了解金属有机骨架（MOFs）材料的组成、制备、应用及功能性修饰。

2. 了解氮杂环卡宾（NHC）金属配合物的结构、制备和在催化领域的应用，并理解其配体设计原理。

3. 掌握本实验涉及的操作方法，包括反应的惰性气体保护、薄层色谱技术（TLC）、柱色谱分离提纯技术、旋转蒸馏、真空干燥等。

4. 掌握 MOFs 材料配体的结构表征与性能测试方法。

二、实验原理

近年来，*N*-杂环卡宾（NHC）及其金属有机配合物的研究工作得到化学家们的高度关注，这类卡宾以双烷基化的咪唑化合物失去 2-位质子后的化合物为代表，电子组态为单线态，具有合成容易、稳定性高、易与金属形成配合物等优点。金属 *N*-杂环卡宾配合物具有更好的热稳定性和更高的催化活性，对水和氧气不敏感，而且配体也容易被功能化修饰，能催化众多的化学反应。此外，部分 NHC 的铂配合物用于光电功能材料的研究，特别是有机发光二极管（OLED）材料的研究，亦显示出良好的性能。

金属有机骨架（MOFs）材料也是迅速发展并得到广泛关注的一类新型多孔材料，主要由多齿有机配体（大多为芳香多酸和芳香性杂化碱性化合物）与过渡金属离子通过配位作用自组装而成。MOFs 具有合成容易、可通过对配体修饰或后修饰实现材料的功能化等特点，且这类材料具有大的比表面，兼有无机材料的刚性和有机材料的柔性特征。目前，多孔 MOFs 在气体吸附、分离和储存方面（特别是与能源密切相关的氢气、与环境相关的温室气体 CO_2 和甲烷），以及传感、催化剂光电功能材料等方面呈现出巨大的应用潜力，成为最热门的研究领域之一。

将 NHC 型配合基团的催化功能性与 MOFs 材料的多孔性结合起来，通过 MOFs 固定化催化活性中心和多孔性富集反应底物提高催化效果。早在 2010 年，Yagki 就基于以上理念设计并合成了第一例 NHC 配位单元修饰的 MOFs 材料（见图 1）。

此后，也有其他研究小组合成 NHC 型配位基团修饰的 MOFs 材料，并将其用于多种化学反应的催化，比如 CO_2 与环氧乙烷衍生物的加成反应、乙烯醇的酯交换反应、不对称迈克尔加成（Michael addition）反应、点击化学（click chemistry）反应等，皆表现出优异的催化效果。但总的来说，NHC 型配位基团修饰的 MOFs 材料发展较慢，主要原因是配体的合成比较困难。本实验拟设计并合成一种新的配体用于构建含 NHC 基团的 MOFs 材料，该配体的合成如图 2 所示。

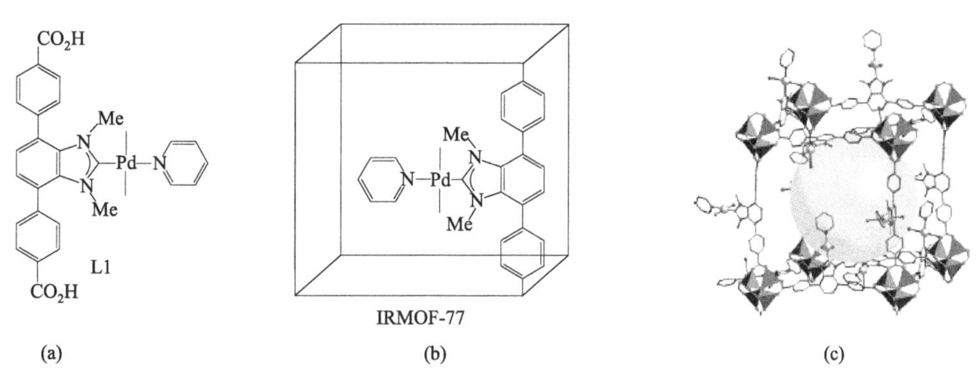

图 1 Yagki 合成的第一例 NHC 配位单元修饰的 MOFs 材料

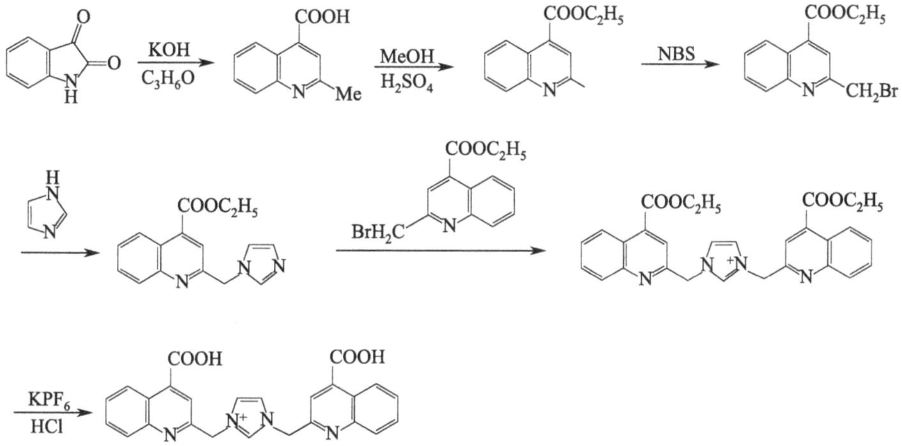

KOH / C_3H_6O → COOH（2-甲基喹啉-4-甲酸）；MeOH / H_2SO_4 → $COOC_2H_5$；NBS → $COOC_2H_5$, CH_2Br；咪唑 → ；BrH_2C–喹啉–$COOC_2H_5$ → ；KPF_6 / HCl → COOH

图 2 含 NHC 基团 MOFs 材料的配体合成路线

三、实验原料与设备

1. 实验原料

靛红（A. R.），丙酮（A. R.），*N*-溴代琥珀酰亚胺（A. R.），无水乙醇（A. R.），六氟磷酸钾（A. R.），过氧化二苯甲酰（A. R.），二氯甲烷（A. R.），咪唑（A. R.），四氯化碳（A. R.），氯化钠（A. R.），乙酸乙酯（A. R.），碳酸氢钠（A. R.），色谱用硅胶（200～300 目），氢氧化钾（A. R.），无水碳酸钾（A. R.），浓盐酸（A. R.），无水硫酸镁（A. R.），浓硫酸（A. R.），乙腈（A. R.）等。

2. 实验设备

恒压滴液漏斗（1 个），四口圆底烧瓶（1 个），固体加料漏斗（1 个），双口圆底烧瓶（1 个），集热式磁力搅拌器（1 台），单口圆底烧瓶（1 个），电动机械搅拌器（1 台），回流冷凝管（1 支），展开缸（1 个），氮气或氩气钢瓶（1 瓶），毛细管（0.2～0.5mm，TLC 用），玻璃色谱柱（1 根），熔点仪（1 台），紫外灯（1 台），耐压管（1 根），分液漏斗（1 个），烧杯（1 个），抽滤瓶（1 个），电子天平（1 台），磨口锥形瓶（1 个），布氏漏斗（1 个），循环水真空泵（1 台），酒精温度计（1 支），傅里叶变换红外光谱仪（1 台），旋转蒸发仪（1台），基质辅助激光解吸飞行时间质谱（1台），核磁共振仪（1台），真空干燥箱（1台），核磁管（1支），电热恒温鼓风干燥箱（1台），薄层色谱硅胶板（1块）等。

注：除特别说明，所用玻璃仪器皆为24#标准口。

四、实验步骤

1. 2-甲基-4-喹啉甲酸的合成

将30 g靛红、80 g氢氧化钾和150 mL去离子水混合于反应瓶中，在氮气保护和50℃下搅拌40 min。通过恒压滴液漏斗将150 mL丙酮逐滴加至上述溶液中，控制在4 h完成。滴完后继续在该条件下反应15 h。待反应混合物冷却至室温，用浓盐酸调溶液pH在3左右。然后，抽滤收集固体，并利用去离子水洗涤固体数次。最后，将产物置于真空干燥箱中真空干燥。

2. 2-甲基-4-喹啉甲酸乙酯的合成

称取40 mg制备得到的2-甲基-4-喹啉甲酸固体悬浮于400 mL无水乙醇中，然后通过恒压滴液漏斗逐滴加入浓硫酸（20 mL），回流10 h以上。旋转蒸馏蒸去大部分乙醇后，加入400 mL去离子水，并用饱和$NaHCO_3$水溶液调至pH=8左右。抽滤，收集固体，滤液用乙酸乙酯萃取2～3次。然后，利用萃取液溶解固体，有机相水洗2～3次后，用无水碳酸钾（K_2CO_3）干燥有机相。进一步采用薄层色谱（TLC）分析产物，以二氯甲烷作为展开剂。随后，利用柱色谱法提纯产物。

3. 2-溴甲基-4-喹啉甲酸乙酯的合成

将1.6 g的2-甲基-4-喹啉甲酸乙酯溶解在150 mL四氯化碳（CCl_4）中，加入0.75 g的*N*-溴代琥珀酰亚胺（NBS）和200 mg的过氧化二苯甲酰（BPO），回流1 h后再加入0.75 g的NBS。待大部分固体上浮于反应液表面，反应结束，然后冷却到室温。利用减压抽滤除去副产物，滤液用饱和碳酸氢钠洗涤后用无水硫酸镁干燥。通过薄层色谱寻找分离柱纯化产物的方法，产物经柱色谱纯化。最后，旋转蒸馏除去淋洗剂，收集产品并置于真空干燥箱中干燥。

4. 2-咪唑甲基-4-喹啉甲酸乙酯的合成

将2.7 g的2-溴甲基-4-喹啉甲酸乙酯、1.2 g的咪唑和2.0 g的碳酸钾混合于150 mL的乙腈中，搅拌回流。通过在实验步骤3得到的TLC条件，利用TLC技术每隔2 h取样跟踪反应进程。当2-溴甲基-4-喹啉甲酸乙酯转化后，停止反应并冷却至室温。然后，利用减压过滤除去固体，并将滤液旋转蒸干后的残渣用二氯甲烷（CH_2Cl_2）溶解。接着，利用饱和氯化钠（NaCl）溶液洗涤3次，用无水K_2CO_3干燥。最后，通过薄层色谱法寻找分离柱纯化产物的方法，产物经柱色谱纯化，旋转蒸馏除去淋洗剂，收集产品。

5. 咪唑鎓阳离子的六氟磷酸盐的合成

在60 mL的耐压管中加入1.45 g的2-咪唑甲基-4-喹啉甲酸乙酯和1.67 g的2-溴甲基-4-喹啉甲酸乙酯和30 mL乙腈，通10 min氮气后封口。然后，将混合溶液放入90℃烘箱中反应 12 h。自然冷却至室温，加入大量饱和六氟磷酸钾（KPF_6）水溶液，收集产生的沉淀，并用去离子水充分洗涤后真空干燥，得到相应咪唑鎓阳离子的六氟磷酸盐。

6. 含 NHC 基团喹啉酸配体的合成

将 1.5 g 制备的咪唑鎓阳离子的六氟磷酸盐溶于 15 mL 盐酸（2 mol/L）中，搅拌回流 12 h。然后，采用过滤或离心收集固体，并利用去离子水洗涤固体至 pH 近中性。最后，将产物置于真空干燥箱中干燥过夜。

7. 产物表征

本实验中合成的所有物质均采用核磁共振氢谱（^{1}H-NMR）表征，根据化合物的溶解性选择合适的氘代试剂；利用熔点仪测定合成化合物的熔点；采取溴化钾压片法测定所有化合物的傅里叶变换红外光谱（FTIR）；利用基质辅助激光解吸飞行时间质谱（MALDI-TOF MS）仪测定咪唑鎓阳离子的六氟磷酸盐和含 NHC 基团喹啉酸配体的质谱。

五、实验结果与讨论

1. 咪唑鎓阳离子的六氟磷酸盐的质量：______ g；含 NHC 基团喹啉酸配体的质量：__________ g。

2. 对化合物^{1}H-NMR 峰的归属进行指认。

3. 对化合物 FTIR 主要振动峰进行指认，特别是指认羰基振动峰的位置并讨论其波数的变化。

4. 分析化合物的 MALDI-TOF MS 图谱。

六、思考题

1. 从文献中找一个 MOFs 的例子，指出其结构特点及其应用。

2. 2-甲基-4-喹啉甲酸乙酯的合成反应是否需要干燥保护？是否需要接冷凝管？

3. 从文献中找一个用于催化的 NHC 配位物的例子，指出其作为催化剂的优点。

4. 将金属 NHC 催化单元与 MOFs 材料结合在一起，对催化性能有何影响？简述理由。

七、参考文献

[1] Oisaki K，Li Q，Furukawa H，et al. A metal-organic framework with covalently bound organometallic complexes. Journal of the American Chemical Society，2010，132 (27)：9262-9264.

[2] Ezugwu C I，Kabir N A，Yusubov M，et al. Metal-organic frameworks containing *N*-heterocyclic carbenes and their precursors. Coordination Chemistry Reviews，2016，307：188-210.

[3] Smith C A，Narouz M R，Lummis P A，et al. *N*-heterocyclic carbenes in materials chemistry. Chemical reviews，2019，119 (8)：4986-5056.

[4] Kadota K，Chen T，GormLey E L，et al. Electrically conductive [Fe_4S_4] -based organometallic polymers. Chemical Science，2023，14 (41)：11410-11416.

[5] Chen S，Li W H，Jiang W，et al. MOF encapsulating *N*-heterocyclic carbene-ligated copper single-atom site catalyst towards efficient methane electrosynthesis. Angewandte Chemie，2022，134 (4)：e202114450.

实验 9

PEDOT 包覆 $Li_4Ti_5O_{12}$ 的合成及电化学储锂性能研究

一、实验目的

1. 了解材料科学在锂离子电池中的应用以及常用锂离子电池电极材料的种类和特点。
2. 掌握水热法合成电极材料的原理及具体合成步骤。
3. 掌握材料的基本结构和形貌表征方法。
4. 掌握扣式锂离子电池的组装过程和电化学性能的测试方法和评价标准。
5. 掌握相关软件的使用和数据处理及分析等。

二、实验原理

随着人类的发展和社会的进步，化石能源的大量消耗导致的能源短缺与环境污染已经成为威胁人类生存和发展的严峻问题。大力发展各种可再生的清洁新能源诸如太阳能、风能、水能、生物能等成为解决这一危机的关键。但是这些新能源的应用受到自然条件的限制，存在不连续的问题。电化学能源存储和转换技术被认为是缓解目前能源危机的更好的选择，其中锂离子电池在能源存储和转化方面具有重要意义。锂离子电池具有工作电压高(3.6 V)、工作温度范围宽（−20～60℃）、比容量高、自放电量少（月自放电率不高于10%）、能量密度高、循环寿命长、无记忆效应和安全可靠等优点，广泛应用于移动电子设备、电动汽车等领域，是最有前景的电化学电源之一。目前商业化的锂离子电池中大多数是以石墨（理论容量为 372 mA·h/g）为负极，以金属氧化物（$LiCoO_2$、$LiMn_2O_4$、$LiFePO_4$ 等）为正极。从锂电池市场结构来看，锂离子电池已经在电子产品市场方向占据主导地位，并且向动力电池方向大力发展。然而对于动力电池来说，充电电流一般只能有 0.1～0.2 C，充电时间长（5～10 h），严重制约其发展。另外，由于目前商业化负极材料石墨的放电平台低，锂枝晶在负极表面析出，最终刺穿隔膜，电源容易短路，引发安全隐患。因此，锂离子电池的充电速率问题和安全问题都亟待解决。

在各种锂离子电池负极材料中，尖晶石结构的钛酸锂（$Li_4Ti_5O_{12}$）空间群为 Fd3m，可以为锂离子提供三维扩散通道。氧负离子按面心立方堆积排列，位于晶胞的 32e 位置，构成 FCC 点阵。部分锂离子占据由相邻四个氧负离子组成的四面体间隙位置，剩下的锂离子和钛离子嵌入相邻六个氧负离子组成的八面体间隙中，占据八面体 16d 位置。锂离子在 $Li_4Ti_5O_{12}$ 的脱嵌是一个高度可逆的两相转变过程，在脱嵌锂过程中，尖晶石内部八面体 16d 位置的锂离子和钛离子不受锂离子脱嵌影响，所以 $Li_4Ti_5O_{12}$ 在锂离子嵌入和脱出过程中的晶胞参数几乎不发生变化，其独特的两相反应机理使其成为一种零应力的嵌入型负极材料，表现出极佳的循环稳定性。此外，$Li_4Ti_5O_{12}$ 具有 1.5 V（vs. Li^+/Li）的嵌锂电位，可以有效避免锂枝晶的析出，相比于低嵌入电位的石墨负极具有更高的安全性能。同时，$Li_4Ti_5O_{12}$ 有三面晶格可以脱嵌锂离子。因此，在大大延长锂离子电池使用寿命的同时，还可以接受锂离子的快速脱嵌。但是 $Li_4Ti_5O_{12}$ 较低的电子电导率（10^{-13} S/cm）在大电流下不利于电子的快速迁移。为了解决这个问题，一般采用碳包覆来提高导电率。但是包覆的碳层往往需要高温（700℃）来石墨化或者需要用昂贵且效率较低的化学沉积（CVD）来实现，耗费了大量的能源。导电聚合物聚 3,4-乙烯二氧噻吩（PEDOT）导电率高，稳定性好，作为包覆材料可以提高物质的导电性，且 PEDOT 可以通过单体在室温下进行氧化聚合，和碳包覆相比可节省二次高温煅烧步骤，因此 PEDOT 是一种理想的表面包覆材料。

目前 $Li_4Ti_5O_{12}$ 的合成主要有固相法和液相法两种。固相法适合大规模生产，但需要高温条件，且合成的颗粒尺寸大小不均，难以获得精细的纳米结构。而液相法中的溶胶-凝胶法、喷雾沉积法等可用来制备尺寸较为均一的纳米材料，但是其步骤较为烦琐，且所用原料通常涉及对环境有污染的有机物等。水热法属于液相法的一种，指的是在特定的密闭反应器中采用水溶液作为反应介质，通过对体系加热加压而进行反应的一种方法。在水热反应中，水既可以作为一种化学组分参加反应，也可以作为溶剂和膨化促进剂，同时也是一种压力传递介质，通过加速渗透反应和控制其过程的物理化学因素，实现材料的合成。相比于溶剂热法和固相法，水热法具有以下优势：较低的反应温度（100～200℃）；能够以单一步骤完成产物的形成与晶化，流程简单；能够控制产物配比，制备单一相材料；以水为介质，成本相对较低，环境友好；容易得到取向好、完美的晶体；在生长的晶体中，能够均匀地掺杂；可调节晶体生成的环境气氛。

三、实验原料与设备

1. 实验原料

钛酸四丁酯（A. R.），去离子水，氢氧化锂（A. R.），$LiPF_6$（A. R.），无水乙醇（A. R.），碳酸二甲酯（A. R.），3,4-乙烯二氧噻吩（EDOT）（A. R.），碳酸甲乙酯（EMC）（A. R.），盐酸（A. R.），碳酸乙烯酯（EC）（A. R.），过硫酸铵（A. R.），*N*-甲基吡咯烷酮（NMP）（A. R.），聚偏二氟乙烯（PVDF）（A. R.），导电炭（SP）（A. R.）等。

2. 实验设备

水热反应釜（1 台），台式高速离心机（1 台），电热恒温鼓风干燥箱（1 台），电子天平（1 台），磁力搅拌器（1 个），马弗炉（1 台），X 射线衍射仪（1 台），真空干燥箱（1 台），扫描电子显微镜（1 台），透射电子显微镜（1 台），傅里叶变换红外光谱仪（1 台），热重分析仪（1 台），切片机（1 台），自动涂布机（1 台），电池封口机（1 台），手套箱（1 台），电化学工作站（1 台），充放电测试仪（1 台）等。

四、实验步骤

1. 水热法合成 $Li_4Ti_5O_{12}$

按照 $n(Li):n(Ti)=0.83$ 的化学计量比称取一定量的氢氧化锂溶于 25 mL 无水乙醇

中，再按照锂钛配比滴入钛酸四丁酯，将混合溶液置于磁力搅拌器上混合均匀，在搅拌过程中缓慢滴入 25 mL 的去离子水，搅拌混合 2 h 后将混合均匀的溶液转移至 100 mL 的水热反应釜中，在 200℃恒温烘箱中水热反应 15 h 后冷却至室温，将反应产物离心洗涤干燥得到前驱体。将前驱体在马弗炉中空气气氛下 800℃烧结 2 h 得到最终产物，并称取产物 $Li_4Ti_5O_{12}$ 的质量。注意观察实验过程现象和记录数据。

2. PEDOT 包覆 $Li_4Ti_5O_{12}$（PEDOT@$Li_4Ti_5O_{12}$）的合成

取 20 mL 0.1 mol/L HCl 溶液于 50 mL 烧杯中，用移液枪滴入 16 μL EDOT，磁力搅拌 0.5 h，随后加入 200 mg 上述合成的 $Li_4Ti_5O_{12}$，超声 0.5 h 后加入 30 mg 过硫酸铵，搅拌 10 h（5 h）得到 PEDOT@$Li_4Ti_5O_{12}$，对其用去离子水和无水乙醇抽滤洗涤后，放入 60℃烘箱内，干燥 12 h，并称取产物 PEDOT@$Li_4Ti_5O_{12}$ 的质量。注意观察实验过程现象和记录数据。

3. $Li_4Ti_5O_{12}$ 和 PEDOT@$Li_4Ti_5O_{12}$ 的结构和形貌表征

采用 X 射线衍射（XRD）仪对产物进行晶体结构和晶型分析，扫描速度为 5°/min，衍射角扫描范围为 10°～80°。采用扫描电子显微镜（SEM）和透射电子显微镜（TEM）对产物的微观结构进行分析，观察不同放大倍数下产物的形貌特征。采用傅里叶变换红外光谱（FTIR）仪测试产物中 PEDOT 是否成功合成，扫描波长范围为 4000～500 cm^{-1}。采用热重分析（TGA）仪对 PEDOT@$Li_4Ti_5O_{12}$ 复合材料进行表征（经程序升温，产物中 PEDOT 的部分会在特定温度受热分解，而无机部分热稳定性较好，稳定不变），用于测试复合材料中 PEDOT 的含量。

4. 扣式电池的组装

① 制浆。按制备的活性材料、导电炭（SP）与聚偏二氟乙烯（PVDF）的质量比为 80∶10∶10 分散于 NMP 在研钵中充分混匀，制备成电极浆料。

② 涂布。将铜箔置于涂布机上固定，保持铜箔表面干净平整，将上述调制好的浆料均匀涂敷于铜箔表面。

③ 普通烘干。涂布完成的极片在鼓风干燥箱中 60℃烘干 30 min，初步除去 NMP。

④ 真空烘干。烘干完成后的极片移入真空干燥箱中，以 80℃真空干燥 12 h。

⑤ 压片。干燥后的铜箔，采用电动辊压机压片，辊压机一般可将极片涂层压制到 15～60 μm。

⑥ 裁剪电极片。采用机械切片机裁剪压制好的电极片，得到外形规整、圆如满月的直径为 10 mm 的极片。

⑦ 活性材料含量的计算。直接对空白铜箔裁片称重，然后将实验裁剪好的极片质量与该质量取差值，再根据复合材料中三者的质量比换算出活性材料（除掉 SP、PVDF）的净重和物质的量。推荐单个极片活性物质负载量范围 1～2 mg。每个极片称量 3 次，取平均值。

⑧ 组装电池。以金属锂为对电极，1 mol/L 的 $LiPF_6$/碳酸乙烯酯（EC）＋碳酸二甲酯（DMC）＋碳酸甲乙酯（EMC）（质量比为 1∶1∶1）溶液为电解液，在充满氩气的手

套箱中组装。采用 2032 电池壳组按如下顺序（由上至下）组装扣式电池：正极壳、锂片、电解液、隔膜、电解液、电极片、垫片、弹片、负极壳。

5. 电化学性能测试

在辰华 CHI660E 电化学工作站上进行循环伏安（CV）测试，电压扫描范围一般为 0.5～2.5 V (vs. Li^+/Li)，扫描速率均采用慢速（推荐 0.2 mV/s），观察氧化还原峰的位置。在 LAND 充放电测试仪上分别测试 PEDOT@$Li_4Ti_5O_{12}$ 在 0.1 C、0.5 C、1 C 和 2 C 倍率下的充放电容量，并测试在 1 C 倍率下 100 圈的循环稳定性。在辰华 CHI660E 电化学工作站上进行电化学阻抗谱分析，用于测试材料的电子电导性。

五、实验结果与讨论

1. 产品外观：______；产品质量：______。

2. 记录 SEM 和 TEM 观察到的材料形貌特征、颗粒尺寸和聚合物包覆层厚度。

3. 采用相关软件做出 TGA 曲线，并计算出 PEDOT@$Li_4Ti_5O_{12}$ 中的聚合物包覆层含量。

4. 记录 X 射线衍射仪检测到的材料物相。

5. 记录傅里叶变换红外光谱观察到的材料分子结构特征。

6. 采用相关软件绘制电化学工作站测试得到的 CV 曲线，并记录材料的氧化还原峰。

7. 采用相关软件绘制充放电测试仪得到的倍率性能曲线、充放电曲线和循环性能曲线，并记录材料在不同倍率下的充/放电比容量、充/放电电位、不同循环圈数的充/放电比容量和容量保持率。

8. 采用相关软件绘制电化学交流阻抗谱，并拟合得到电转移阻抗。

六、思考题

1. 合成 PEDOT@$Li_4Ti_5O_{12}$ 的步骤中为什么要加入盐酸?

2. PEDOT 包覆层的厚度对 $Li_4Ti_5O_{12}$ 的电化学性能有什么影响?

七、参考文献

[1] Liao C Y, Zhang Q, Zhai T Y, et al. Development and perspective of the insertion anode Li_3VO_4 for lithium-ion batteries. Energy Storage Materials, 2017, 7: 17-31.

[2] Yuan T, Tan Z P, Ma C R, et al. Challenges of spinel $Li_4Ti_5O_{12}$ for lithium-ion battery industrial applications. Advanced Energy Materials, 2017, 7 (12): 1601625.

[3] Zhang Q, He Y, Mei P, et al. Multi-functional PEDOT-engineered sodium titanate nanowires for sodium-ion batteries with synchronous improvements in rate capability and structural stability. Journal of Materials Chemistry A, 2019, (33): 19241-19247.

[4] He Y S, Muhetaer A, Li J M, et al. Ultrathin $Li_4Ti_5O_{12}$ nanosheet based hierarchical microspheres for high-rate and long-cycle life Li-ion batteries. Advanced Energy Materials, 2017, 7 (21): 1700950.

实验 10

介孔碳包覆纳米氧化铁的制备及负极储锂性能研究

一、实验目的

1. 了解水热法和软模板法制备介孔材料的合成策略。
2. 认识介孔材料合成常用模板剂的种类，了解相应的介孔结构构建机制。
3. 掌握金属氧化物及金属氧化物/碳复合材料的结构表征与电化学性能测试方法。

二、实验原理

清洁、高效、可持续利用的锂离子电池被认为是人类社会应对当前能源紧缺与环境污染双重挑战的理想替代能源。然而，随着电动汽车和智能电网等产业的快速发展，人们对锂离子电池性能（尤其是能量密度）的要求与日俱增。理论上电池的能量密度主要取决于电极材料的比容量和工作电压。目前主流的商用钴酸锂、磷酸铁锂正极和石墨负极的理论比容量都相对较低，且实际的容量发挥已趋近于其极限。基于以上材料组装的成品电池所能供给的比容量非常有限。此外，石墨负极的嵌锂电位过于接近金属锂的析出电位，长期使用可能产生锂枝晶，造成电池短路，存在不可忽视的安全隐患。因此，开发兼具高比容量和适度低工作电压的负极材料，对研制高比容量的锂离子电池至关重要。

氧化铁（Fe_2O_3）属于过渡金属氧化物的一种，作为潜在的锂离子电池负极材料，受到了广泛的关注。从储锂容量方面看，氧化铁的理论比容量可以达到 1006 mA·h/g，这显示出它具有石墨碳材料两倍以上的高理论容量。从成本、环保及资源角度看，Fe_2O_3 具有储量丰富、安全性能好、环境友好和成本低等优点，这使它有望成为具有很好发展前景的负极材料。从形态和结构方面看，Fe_2O_3 有四种晶体结构类型，包括 α-Fe_2O_3、β-Fe_2O_3、γ-Fe_2O_3、ε-Fe_2O_3 等。其中，α-Fe_2O_3 是最稳定的存在形态，在自然界中的储存量也相对较高，通常被称为“赤铁矿”。在 Fe_2O_3 负极的储锂机制中，氧化铁会与锂离子（Li^+）反应生成氧化锂（Li_2O）和金属单质铁（Fe），电化学反应方程式如下：

$$6Li^+ + Fe_2O_3 + 6e^- \rightleftharpoons 3Li_2O + 2Fe$$

然而，Fe_2O_3 材料的固有导电性不佳，且在反复脱嵌锂的过程中材料体积的显著变化导致其结构破坏，以及脱嵌锂的动力学限制导致 Fe_2O_3 材料的实际容量较低且衰减快、循环稳定性和倍率性能不理想，因此很难达到实际应用的要求。为了解决这些问题，研究者进行了许多关于控制电极材料的结构、尺寸和形态的研究，通过对 Fe_2O_3 材料进行结构设计和复合化改性，可以显著提升材料的电化学性能。

纳米材料是指在三维空间中至少有一维介于 1～100 nm 范围之间或由其作为基本单元构成的材料，在各个方面如熔点、磁性、光学、导热、导电特性等具有独特的特性，完全不同于同种物质非纳米尺寸所表现的性质。纳米材料用于锂离子电池负极材料可以减小

Li^+ 的传输距离，增强充放电动力学。因此，合成具备纳米结构的 Fe_2O_3 材料是改善其储锂特性的有效方法之一。水热反应是指在高温、高压下，在水、水溶液或蒸气等流体中所进行的化学反应，被广泛地用于制备过渡金属氧化物纳米材料。相对于气相法和固相法，水热法有利于合成结晶度高的纳米材料，且易于控制产物晶体的粒度大小、分散性、形状，还有利于环境净化等。此外，由于碳材料具有价格便宜、来源广、理化性质稳定、可明显提高复合材料的导电性且防止纳米颗粒团聚等优点，因此，众多研究者将纳米铁氧化物与碳进行复合（例如包覆）以提高铁氧化物的电化学性能。

在此基础上，通过对碳材料进行结构优化，引入介孔结构，可以进一步提升复合材料的综合性能。介孔材料是指孔径介于 2～50 nm 的一类多孔材料，凭借其超高的比表面积、大孔容、可控的孔径，以及孔壁和孔道结构呈现出的纳米尺寸效应，在能量的转化与储存应用领域（光/电催化分解水，太阳能电池，锂离子电池，超级电容器等）大放异彩。原则上，主体材料的比表面积越高，越能为客体粒子（分子/原子/离子）提供更多表面反应活性位点或界面相互作用位点，也更有利于电解液的浸润，且大孔容能确保电极容纳充足的电解液。因此，在二者的协同作用下，电极活性物质的利用率将得到极大的提升，进而充分发挥储锂能力。此外，开放互联、有序排列的孔道网络和薄的孔壁为电化学反应过程中电子与离子的传输提供了便捷的快速通道，赋予电极材料优异的倍率性能。更重要的是，具有丰富介孔的碳包覆层相当于为原本“刚性”而“脆弱”的 Fe_2O_3 材料装备上“透气”且“柔性”的“防护衣”，从而有效缓解电极反应过程中材料体积变化产生的机械应力，维持电极整体结构的稳定性和牢固的电接触。

介孔碳（MC）通常以聚合物材料为碳源，采用硬模板法或者软模板法合成得到，如图 1 所示。其中，硬模板法是指用一种介孔材料作为合成另外一种介孔材料的模板。介孔碳的合成常使用介孔硅作为硬模板，合成过程包括硅模板的浸渍、碳前驱体的炭化和硅模板剂的去除。软模板法指的是将碳前驱体、模板剂及碳源共组装后合成得到有序介孔碳材料。软模板法一般采用交联聚合物材料（如酚醛树脂、三聚氰胺、聚多巴胺等）作为产碳

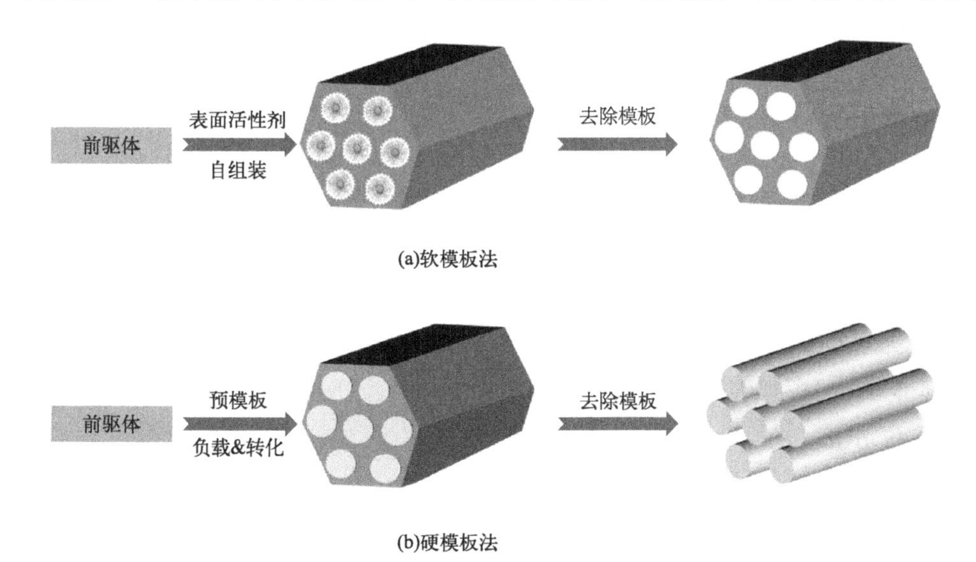

(a)软模板法

(b)硬模板法

图 1　介孔材料合成方法示意图

组分，两亲性嵌段聚合物［如聚氧乙烯-聚氧丙烯嵌段共聚物（F127），聚氧乙烯-聚氧丙烯-聚氧乙烯（P123）等］作为软模板剂，协同聚合物自组装形成有序结构，进而在保护气氛下经热处理将聚合物转化为碳材料，同时除去软模板剂引入介孔结构。

鉴于此，本实验拟设计合成纳米氧化铁/介孔碳复合材料（Fe_2O_3@MC），用于制备锂离子电池负极，合成路径如图2所示。本实验选择应用广泛且重现性好的水热反应合成前驱体纳米 α-Fe_2O_3，通过简单可控的软模板法在其表面包覆聚多巴胺，经分步炭化处理合成得到介孔碳包覆纳米氧化铁材料（Fe_2O_3@MC）。采用X射线衍射（XRD）仪、扫描电子显微镜（SEM）、透射电子显微镜（TEM）、傅里叶变换红外光谱（FTIR）仪和热重分析（TGA）仪等仪器表征材料物相组成及微观结构等信息，并利用电池测试系统研究其负极储锂性能。

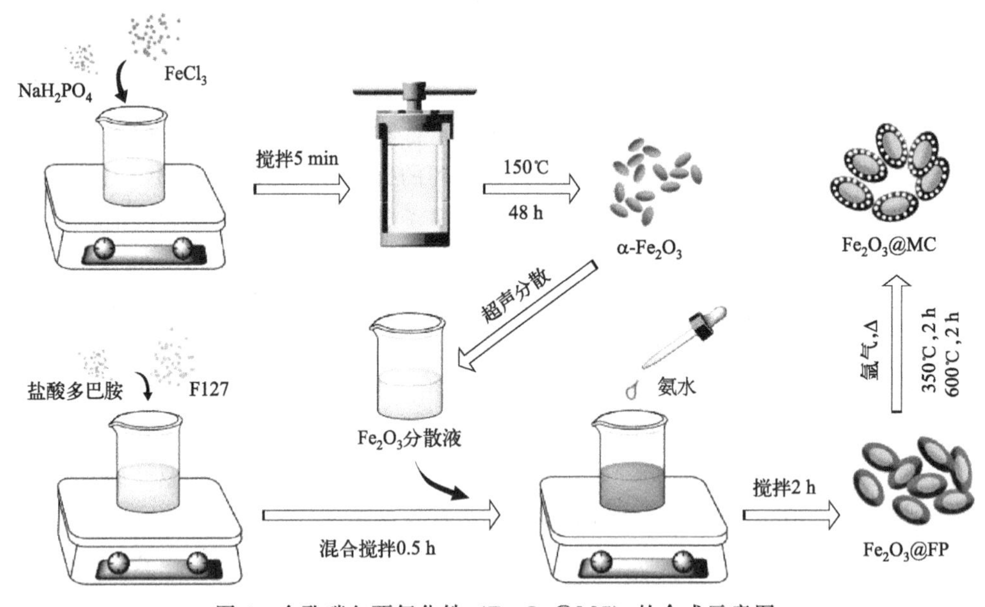

图2 介孔碳包覆氧化铁（Fe_2O_3@MC）的合成示意图

三、实验原料与设备

1. 实验原料

无水氯化铁（A.R.），导电炭黑（电池级），磷酸二氢钠（A.R.），聚偏二氟乙烯（A.R.），盐酸多巴胺（A.R.），*N*-甲基吡咯烷酮（A.R.），氨水（25.0%～28.0%）（A.R.），无水乙醇（A.R.），聚氧乙烯-聚氧丙烯嵌段共聚物（F127）（A.R.），商用六氟磷酸锂电解液（电池级）等。

2. 实验设备

集热式磁力搅拌器（1台），台式高速离心机（1台），超纯水系统（1台），电子天平（1台），管式炉（1台），分析天平（1台），X射线衍射仪（1台），超声波清洗器（1台），真空干燥箱（1台），透射电子显微镜（1台），扫描电子显微镜（1台），傅里叶变换红外光谱仪（1台），比表面积和孔隙度分析仪（1台），热重分析仪（1台），电化学工作站（1套），手套箱（1台），电池测试系统（1套），扣式电池封口机（1台），压片机（1台），高压反应釜（1套），电热恒温鼓风干燥箱（1台）等。

四、实验步骤

1. 氧化铁（α-Fe_2O_3）纳米粒子的合成

称取0.1622 g的无水氯化铁（$FeCl_3$）和0.01 g的磷酸二氢钠（NaH_2PO_4）溶于50 mL去离子水中。磁力搅拌5 min后，将混合物转入100 mL高压反应釜内，密封后静置于电热恒温鼓风干燥箱内进行水热反应（150℃，保温时间为48 h）。反应结束后，待自然冷却至室温，通过高速离心（12000 r/min，8 min）分离并收集固体产物。然后，分别以去离子水和无水乙醇洗涤固体至少3次。所得固体产物先置于60℃电热恒温鼓风干燥箱内除去大部分溶剂，再转入真空干燥箱内干燥过夜，收集固体并称重、记录。

2. F127-聚多巴胺包覆氧化铁（Fe_2O_3@FP）的合成

称取0.1 g上述制备的α-Fe_2O_3固体样品加入10 mL去离子水中，通过超声振荡使其分散均匀。同时，在磁力搅拌下，称取0.5 g F127加入水/无水乙醇的混合溶剂中（15 mL/25 mL）；待充分溶解后，加入0.25 g盐酸多巴胺，得到澄清的混合溶液。然后，将Fe_2O_3分散液分批次加入混合溶液中，连续搅拌0.5 h后，逐滴加入2.5 mL氨水。反应2 h后，通过离心收集沉淀，再以去离子水和无水乙醇洗涤固体并干燥，合成得到Fe_2O_3@FP。

3. 介孔碳包覆氧化铁（Fe_2O_3@MC）的合成

称取一定量Fe_2O_3@FP粉末，平铺在刚玉坩埚底部，并置于管式炉炉管内。连接进出气气路和尾气处理装置后，通入氩气气流约1 h以排尽体系内残余空气。设定第一阶段目标温度为350℃，升温速率为2℃/min，保温2 h；设定第二阶段目标温度为600℃，升温速率为5℃/min，保温2 h。待自然冷却至室温后取出，将所得固体产物研磨成细小粉末并称重记录，所得固体即为聚多巴胺衍生介孔碳包覆氧化铁（Fe_2O_3@MC）。上述凡涉及高温高压等危险性实验的操作，须有专业人员全程监督指导。

4. 结构表征

利用XRD仪检测α-Fe_2O_3、Fe_2O_3@FP和Fe_2O_3@MC的化学组成和晶体结构，设定扫描范围（2θ）为5°～80°，扫描速率为10°/min。利用SEM观察α-Fe_2O_3、Fe_2O_3@FP和Fe_2O_3@MC纳米粒子的表面微观形貌。利用傅里叶变换红外光谱（FTIR）仪表征复合物中有机相的化学组成，采用溴化钾压片法，红外光谱仪设定的分辨率为16 cm^{-1}，次数为64次。利用热重分析（TGA）仪在空气气氛中于室温下以10℃/min的升温速率加热至700℃，观测并记录其分解温度及质量变化。采用比表面积和孔隙度分析仪测定液氮温度下样品的氮气吸附-脱附曲线，分析测试前，样品需经过预处理：脱气处理24 h，温度为150℃。

5. 电化学性能测试

本实验所合成的样品作为锂离子电池的电极材料，锂片作为锂源，组装成扣式半电池，使用电化学工作站和电池测试系统对其电化学行为和性能进行表征测试。

（1）工作电极的制作

首先用电子天平称取 35 mg 活性物质（待测样品 Fe_2O_3 或 Fe_2O_3@MC）和 10 mg 导电剂（导电炭黑）到研钵中混合研磨均匀，然后称取 5 mg 黏结剂（聚偏二氟乙烯，PVDF）到研钵中继续混合研磨，再量取少量的 *N*-甲基吡咯烷酮（NMP）到研钵中研磨，直至浆料黏度适中且顺滑无颗粒感。将上述质量比为 7∶2∶1 的浆料均匀涂覆在铜箔上，根据实际情况调整涂膜的厚度。将涂好的膜放在真空干燥箱中，80 ℃条件下烘干 12 h 以上。冷却后，取出样品膜放到辊压机上挤压，最后冲压成直径为 10 mm 的圆形极片，称重记录。

（2）扣式半电池组装

将干燥称重后的电极片转移至高纯氩填充的手套箱，电池的对电极和参考电极均为锂金属箔，电解液为 1.0 mol/L 的 $LiPF_6$ 溶于碳酸乙烯酯（EC）和碳酸二甲酯（DEC）（体积比为 1∶1）的混合溶剂（商用六氟磷酸锂电解液），隔膜为多孔聚丙烯，并且在电池壳内填充有金属弹片和垫片。整个电池组装过程都在手套箱中完成。

（3）电化学测试

首先将组装好的电池静置陈化 12 h 后进行测试，表征其脱嵌锂行为和储锂性能。

① 循环伏安（CV）测试。采用电化学工作站对所组装的扣式电池进行 CV 测试，扫描范围为 0 ～ 3 V（vs. Li/Li^+），扫描速率为 0.5 mV/s。

② 恒流充放电（GCD）测试。采用电池测试系统对扣式电池进行 GCD 测试，电压范围为 0.01 ～ 3.0 V（vs. Li/Li^+），电流密度为 100 mA/g、500 mA/g、1000 mA/g、2000 mA/g 等。

③ 电化学阻抗谱（EIS）测试。采用电化学工作站对电池进行 EIS 测试，测试频率为 10^{-2} ～ 10^5 Hz，交流电压幅值为 5 mV。

五、实验结果与讨论

1. 记录并分析 α-Fe_2O_3 纳米粒子的化学组成、晶体结构、微观形貌、粒径分布、等温吸附-脱附曲线、比表面积、孔径分布、充放电平台、首次放电比容量、库仑效率、倍率性能和循环稳定性等。

2. 记录并分析 Fe_2O_3@FP 的化学组成、晶体结构、微观形貌、粒径分布、等温吸附-脱附曲线、比表面积、孔径分布、充放电平台、首次放电比容量、库仑效率、倍率性能和循环稳定性等。

3. 记录分析 Fe_2O_3@MC 的化学组成、晶体结构、微观形貌、粒径分布、等温吸附-脱附曲线、比表面积、孔径分布、充放电平台、首次放电比容量、库仑效率、倍率性能和循环稳定性等。

六、思考题

1. 试分析本实验合成氧化铁纳米粒子呈现特定形貌的原因。

2. 本实验采用的两种聚合物分别起到什么作用？两者之间主要通过什么作用结合？

3. 基于本实验研究所得，试提出进一步优化 Fe_2O_3@MC 材料的思路。

七、参考文献

[1] Mei P, Kim J, Kumar N A, et al. Phosphorus-based mesoporous materials for energy storage and conversion. Joule, 2018, 2 (11): 2289-2306.

[2] Choi Y S, Choi W, Yoon W S, et al. Unveiling the genesis and effectiveness of negative fading in nanostructured iron oxide anode materials for lithium-ion batteries. ACS Nano, 2022, 16 (1): 631-642.

[3] Yu S J, Ng V M H, Wang F J, et al. Synthesis and application of iron-based nanomaterials as anodes of lithium-ion batteries and supercapacitors. Journal of Materials Chemistry A, 2018, 6 (20): 9332-9367.

[4] Liu X F, Mei P, Dou Y, et al. Heteroarchitecturing a novel three-dimensional hierarchical MoO_2/MoS_2/carbon electrode material for high-energy and long-life lithium storage. Journal of Materials Chemistry A, 2021, 9 (22): 13001-13007.

[5] Mei P, Lee J, Pramanik M, et al. Mesoporous manganese phosphonate nanorods as a prospective anode for lithium-ion batteries. ACS Applied Materials & Interfaces, 2018, 10 (23): 19739-19745.

[6] Mei P, Kaneti Y V, Pramanik M, et al. Two-dimensional mesoporous vanadium phosphate nanosheets through liquid crystal templating method toward supercapacitor application. Nano Energy, 2018, 52: 336-344.

[7] Mei P, Ma Z Y. Synthesis of mesoporous carbon-coated iron oxide nanoparticles for lithium storage as anode: A comprehensive chemical experiment. University Chemistry, 2024, 39 (1): 178-184.